W0393206

© 2006

Verlag Podszun-Motorbücher GmbH
Elisabethstraße 23-25, D-59929 Brilon
Internet: www.podszun-verlag.de
Email: info@podszun-verlag.de

Herstellung Druckhaus Cramer, Greven

ISBN 3-86133-429-1

Für die Richtigkeit von Informationen, Daten und Fakten kann keine Gewähr oder Haftung übernommen werden. Es ist nicht gestattet, Abbildungen oder Texte dieses Buches zu scannen, in PCs oder auf CDs zu speichern oder im Internet zu veröffentlichen.

Titelfotos: Christoph Riedel und Lothar Spielhoff
Foto Umschlagrückseite: Stephan Kuchinke
Fotos auf den Seiten 1 und 144: Christoph Riedel

Jahrbuch 2007 Lokomotiven

PODSZUN

Liebe Leserin, lieber Leser!

Zum sechsten Mal erscheint das Jahrbuch Lokomotiven, und wir freuen uns sehr, Ihnen wieder interessante, umfassend recherchierte Themen rund um das Hobby Lokomotiven anbieten zu können. Dank gilt an dieser Stelle allen Autoren und Bildgebern, die in den letzten Wochen und Monaten für das Jahrbuch im Einsatz waren. Dank aber auch Ihnen, liebe Leserin, lieber Leser, für die Zuschriften, Emails und Telefonate. Wir nehmen Ihre Kritik und Anregungen gerne entgegen und bemühen uns, auf Ihre Wünsche einzugegen.

Ein technischer Hinweis: Abbildungen, die nicht namentlich gekennzeichnet sind, wurden jeweils von den Autoren zu Verfügung gestellt.

Wir wünschen Ihnen nun viel Vergnügen mit dem Jahrbuch. Das nächste Jahrbuch, die Ausgabe 2008, ist im Oktober 2007 erhältlich. Falls Sie selbst einmal für das Jahrbuch zur Feder greifen möchten oder seltenes Bildmaterial zur Verfügung stellen können, schreiben Sie uns bitte an untenstehende Adresse. Wir freuen uns auf den Kontakt mit Ihnen.

Ihr Redaktionsteam "Jahrbuch Lokomotiven"

P.S.

Sie können das Jahrbuch Lokomotiven in Buchhandlungen oder direkt beim Verlag auch abonnieren. Von den Ausgaben 2002, 2003, 2004, 2005 und 2006 sind noch Restbestände lieferbar. Fordern Sie unser kostenloses Gesamtverzeichnis an mit Büchern über Baumaschinen, Lastwagen, Autos, Lokomotiven, Motorräder, Traktoren und Feuerwehrfahrzeuge:

Verlag Podszun-Motorbücher, Elisabethstraße 23-25, D-59929 Brilon, Fax 02961/2508
Email: info@podszun-verlag.de, Internet: www.podszun-verlag.de

Liliput-Lokomotiven

von Lothar Spielhoff

Im Mutterland der Eisenbahn, in England, begann der Bau von Modell-Dampflokomotiven bereits 1875 mit einer 15-Zoll-Bahn auf großen Landsitzen als Personen befördernde Vergnügungsbahn beziehungsweise zum Transport von Gütern. Der Vater war Sir Arthur Percival Heywood, der auf seinem Landsitz in Baffield Bank die erste Bahn mit einem kurven- und steigungsreichen Streckennetz baute, dazu fünf Lokomotiven, verschiedene Güterwagen sowie einen Speise- und Schlafwagen. Um 1900 begann Bassett Lowke in der Maschinenfabrik seines Vaters mit dem Bau von Eisenbahnmodellen. Zu ihm kam der gleichaltrige Henry Greenly und die beiden entwickelten 1904 die bekannte 2B1-Schlepptenderlokomotive „Little Giant" der Atlantic-Klasse, die bis 1924 in den Werkstätten von Bassett Lowke gebaut und weltweit verkauft wurde. Basset Lowke baute Lokomotiven in den Spurweiten 2$^1/_2$ Zoll = 63,5 mm bis 15 Zoll = 381 mm. Die Lokomotiven kamen vorwiegend in privaten Parks und auf Vergnügungsplätzen zum Einsatz.

Für öffentliche Liliputbahnen ist die 381 mm (15 Zoll) Spurweite die international gebräuchlichste. Die Spurweite 89 mm (3$^1/_2$ Zoll), 127 mm (5 Zoll) und 184 mm (7$^1/_2$ Zoll) sind in Club- und Vereinsanlagen vorhanden. Das Charakteristische einer Liliput-Eisenbahn ist:

- die maßstäbliche Nachbildung der Lokomotive entsprechend der Spurweite und des Verkleinerungsmaßstabs,
- die Antriebsart entsprechend der äußeren Gestaltung (Kohle/Wasser = Dampflokomotive, Treibstoff = Diesellokomotive, Batterie = Elektroantrieb),
- das Sitzen des Lokomotivführers in einem besonders tief eingebauten Sitz mit Fußkasten.

2B2-Tenderlok mit Petroleummotor, Spurweite 15 Zoll = 381 mm, auf der Garteneisenbahn von C. W. Bartholomew in Blakesley-Hall (Towcester)

2B1-Atlantic-Type „Sanspareil", Spurweite 15 Zoll = 381 mm, mit offenen Sommerwagen, auf der Eskdale-Eisenbahn zwischen Ravenglass und Boot, Cumberland

Die umgebenden Hochbauten sowie Signalanlagen sollten je nach Verwendungszweck möglichst maßstäblich ausgeführt sein. Die verkleinerten Personenwagen zur Fahrgastbeförderung sind nur unter bestimmten Voraussetzungen für den öffentlichen Dauerbetrieb entsprechend ausgeführt.

In England waren oder sind etwa 34 Bahnen in der 15-Zoll-Spurweite = 381 mm in unterschiedlicher Streckenlänge von 0,28 km bis 22 km gebaut worden. Von den größeren sind es:

1. die Gebirgsbahn Ravenglass & Eskdale Railway mit 11 km Länge, 1915 erbaut und die älteste,
2. die Strandbahn Fairbourne-Bamouth, gebaut 1916 bis 1985,
3. die mit 22 km längste, die Romney, Hythe & Dymchurch Railway, gabaut 1927, eine Marschlandbahn mit stündlichem Takt der ganzen Jahreszeit. Sie ist eine Touristenattraktion.

Die beiden größten öffentlichen Liliputbahnen verfügen jeweils über einen umfangreichen Lokomotivpark. Die Romney, Hythe & Dymchurch Railway hat elf Lokomotiven, davon drei deutsche, zwei von Krauss, München, und eine von Krupp, Essen. Die Achsanordnungen sind eine B, 8 2C1 und zwei 2D1, gebaut in den Jahren 1925 bis 1937. Entsprechend mannigfaltig ist der Wagenpark mit offenen und geschlossenen vierachsigen Wagen, einige auch zweiachsig.

Mit der bald einsetzenden Verbreitung von Liliputbahnen in England auf Vergnügungsplätzen und in Seebädern kamen nun schon serienmäßig bestimmte Typen als Zwergmaschinen auch ins Ausland und so auch nach Deutschland, wo der Siegeslauf einer bestimmten Lok-Bauart, der 2B1 „Little Giant", eine Atlantic-Type, 1911, also vor dem Ersten Weltkrieg, auch nach Breslau und Köln kam.

Von 1909 bis 1913 fuhr im Hagenbeckschen Tierpark zu Hamburg-Stellingen eine Rundbahn in der Spurweite 600 mm mit einer 2B-Baulokomotive „Drache" von Borsig, Berlin, die allerdings stehend bedient wurde. Für die Jahrhundertausstellung in Breslau 1913 war wiederum die Spurweite 600 mm vorhanden. Allerdings konnte man in der 2B-Lokomotive nunmehr zur Bedienung sitzen. Gebaut wurde sie von der Gesellschaft für Feldbahnindustrie in Breslau. Ein Jahr später kam die Lok zur Internationalen Baufachausstellung Leipzig, anschließend in den Besitz des Lunaparks in Leipzig-Wahren.

Planzug der Eskdale-Eisenbahn beim Verlassen der Station Muncaster

2C1-Pacific-Type „Gigantic“ der „Colossus-Klasse“, Spurweite 15 Zoll = 381 mm, auf der Eskdale-Eisenbahn

2B1-Lok der Strandbahn Fairbourne und Barmouth, in Spurweite 15 Zoll = 381 mm

Zur Deutschen Verkehrs-Ausstellung München 1925 kam als Grundstock der deutschen Miniaturbahnen die von Ob. Ing. Roland Martens konstruierte und von der Münchener Lokomotivfabrik Krauß und Comp. AG gebaute 2C1-Liliput-Lokomotive in der Spurweite von 15 Zoll = 381 mm. Somit ist dieses Jahr das eigentliche Geburtsjahr der deutschen Liliput-Lokomotiven. Wohl selten hat sich eine Liliputbahn in so kurzer Zeit in die Herzen ihrer Besucher „hineingefahren" wie die Münchener Miniaturbahn, die technisch wie auch künstlerisch vorbildlich war. Gebaut wurden drei Lokomotiven, die dritte war in einer Ausstellungshalle ausgestellt. So war die „Lülli" bei Bier und Radis das Stadtgespräch der bayerischen Metropole.

Auch in den nachfolgenden Jahren haben diese „Einheitstypen" jung und alt immer wieder aufs neue begeistert, unter anderem 1926 auf der Düsseldorfer Gesolei, 1927 auf der Münchener Handwerks-Ausstellung, 1928 auf der Kölner Pressa, 1930/31 auf der Dresdener Hygiene-Ausstellung, 1931 auf der Deutschen Bau-Ausstellung in Berlin und 1939 auf

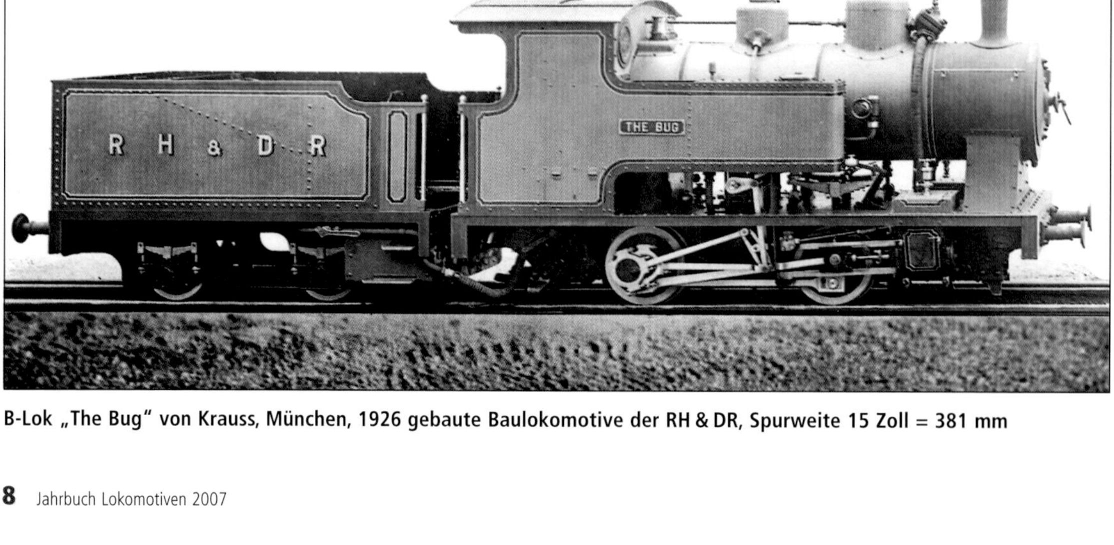

B-Lok „The Bug" von Krauss, München, 1926 gebaute Baulokomotive der RH & DR, Spurweite 15 Zoll = 381 mm

2C1-Lok „Green Goddess", gebaut 1927, eine der ersten der RH & DR, mit ihrem Konstrukteur, Civil-Ingenieur Henry Greenly, dem „Vater der englischen Liliputbahnen", Spurweite 15 Zoll = 381 mm

Ein klassischer Zug der RH & DR abfahrbereit in der Station Hythe

2C1-Lok „Typhoon", Baujahr 1927, der RH & DR, Spurweite 15 Zoll = 381 mm

2D1-Lok „Samson", Baujahr 1927, der RH & DR, Spurweite 15 Zoll = 381 mm

2C1-Lok „Doctor Syn" der RH & DR in der Station Dymchurch, Spurweite 15 Zoll = 381 mm. Sie entspricht einer amerikanischen Bauart

der Reichsgartenschau in Stuttgart. Über die deutschen Grenzen hinaus waren die Martens-Maschinen auf ihren verschiedenen Gastspielreisen der Begriff deutscher Wertarbeit, wie zum Beispiel 1928 in Rotterdam und Wien oder 1930 in Antwerpen und Barcelona.

Die Martens'sche Einheitsmaschine, die in ihren technischen Einzelheiten zwar den Vorbildern der deutschen Einheits-Dampflokbauart BR 01 beziehungsweise 03 entspricht, stellt aber einen für Miniaturverhältnisse bestimmten Pacific-Typ eigenen Entwurf im Maßstab 1:3,33 dar. Die 2C1-Pacific-Anordnung wurde deshalb gewählt, weil das vordere Drehgestell, die in einem Deichselgestell mit außen liegenden Lagern ausschwingbare hintere Laufachse und die spurkranzlosen Treibräder der mittleren Kuppelachse, noch ein Befahren kleinster Kurven von nur 20 m Krümmungshalbmesser ermöglichen. Für die Lager war eine hohe Beanspruchung erforderlich. Es waren dies Stahlgussgehäuse mit Rotgussschalen, Ober- und Unterschmierung, mit Nachstellbarkeit durch Stellkeile bei den Kuppelachsen, was eine wohl durchdachte Konstruktion erkennen lässt. Die Kuppelräder ohne durch einen Ausgleichshebel abgefederte Achsen bestanden aus Stahlguss. Das mit größter Sorgfalt durchgebildete Triebwerk hatte die Heusinger-Steuerung mit zweischieniger Kreuzkopfführung. Für die Schmierung diente eine Hochdruck-Schmierpresse Bauart „Wörner".

Vorhanden waren für die Sicherheit drei verschiedene Bremsen, eine Dampfbremse für die Treib- und Kuppelräder, eine Luftsaugebremse für den Tender und die Wagen sowie eine Handbremse allein für den Tender, so dass in jeder Hinsicht ein äußerst sicherer Betrieb gewährleistet werden konnte.

Der Langkessel hatte ein blaugraues Aussehen des oxydierten Stahlbleches. Zwischen den Blechen befanden sich schmale Messingbänder in Goldgelb. Der Kessel ruhte auf einem Barrenrahmen mit überhängender Rauchkammer. Zwischen der hinteren Laufachse und der letzten Kuppelachse befand sich die hängende Feuerbüchse, die von einem besonderen, außen liegenden Blechrahmen umfasst wurde. Über das maßstäbliche Führerhaus konnte der nicht versenkt sitzende Führer hinwegsehen. An Armaturen waren die für eine Lokomotive wichtigsten vorhanden, wie zwei Wasserstandsanzeiger mit selbstständigem Kugelabschluss, zwei Hochhubsicherheitsventile, zwei Injektoren, Manometer, Regler und Steuerbock.

2C1-Lok „Northern Chief" der RH & DR in der Station New Romney, Spurweite 15 Zoll = 381 mm, Umgebung fast wie bei der Normalspur, mit den Spuren

2C1-Lok „Black Prince" der RH & DR in der Nähe von Dungeness. Sie ist die Krupp'sche Lok, die 1937 in der Ausstellung „Schaffendes Volk" zu sehen war

In der ehemaligen New Romney Station sehen wir über die Bahnsteige zum Wassertank, Lokomotiv- und Wagenschuppen; links ausfahrender Hythe-Express mit Pacific-Type „Southern Maid", rechts Wasser nehmende Mountaintype „Samson"

Bei Palmarsh ist ein Zug der RH & DR mit der 2C1 „Typhoon" unterwegs. Beachtenswert die Länge des Zuges mit sieben vierachsigen, geschlossenen Wagen

Technische Daten der Martens'schen Einheitslok 2C1

Zylinderbohrung	150 mm	Heizfläche	11,0 m^2
Kolbenhub	200 mm	Rostfläche	0,44 m^2
Treib-Kuppelrad Durchmesser	530 mm	Kesseldruck	13 at
Fester Achsstand Lok	1350 mm	Betriebsgewicht Lok und Tender	8100 kg
Gesamter Achsstand Lok	3515 mm	Leistung	30 PS
Gesamtlänge Lok + Tender	7430 mm	Größte Geschwindigkeit	30 km/h

Diesel-elektrische Bo+Bo-Lokomotive der RH & DR in der Station Hythe, Spurweite 15 Zoll = 381 mm

Vierachsiger Petroleum-elektrischer Triebwagen der Great Yarmouth Miniature Railway an der Station Learsing ausfahrend, Spurweite 15 Zoll = 381 mm. Jeder Wagen hat zwölf Sitzplätze

Die erste Martens'sche Einheitsliliput 2C1 n2 mit vierachsigem Tender, gebaut von Krauß, München, 1925, Spurweite 15 Zoll = 381 mm

Ein Blick in den Führerstand der Liliputlok, erkennbar sind Wasserstand, Manometer, Speiseeinrichtungen, Regler, Händel und andere Armaturen

Von der Martens'schen Einheitslok wurden bei Krauss von 1925 bis 1929 zwölf Stück gebaut. Die meisten wurden von der Firma Brangsch in Engelsdorf vermietet. Weitere drei wurden nach dem Zweiten Weltkrieg von Krauss-Maffei gebaut, eine für Tuta Iron Indien, zwei für die Ausstellungsbahn Killesberg in Stuttgart.

Als besondere Baulokomotive entstand 1926 unter dem Konstrukteur für Liliput-Lokomotiven, Ob. Ing. Roland Martens die kleinste und älteste B-gekuppelte Lokomotive „The Bug" aus genormtem Kleinbahnmaterial für die damals im Bau befindliche Romney, Hythe & Dymchurch Railway. Als „Mädchen für alles" sollte sie weniger Anspruch auf äußere Formenschönheit als auf reine Zweckmäßigkeit für ranke Arbeitsleistung erheben. Die Lok befand sich nach dem Krieg auf einem Schrottplatz, wurde 1975/76 vollständig hergerichtet und befördert heute Kurz-

2C1-Einheitsliliputlok mit offenem Wagenzug auf der Verkehrs-Ausstellung München 1925

2C-Einheitsliliputlok, Sicherheitsventil bläst ab auf der Verkehrs-Ausstellung München 1925

Auf der Deva-Strecke, Kilometer 0,807, am Ausgang der Nordrampe des Parktunnels zur Parkwiese

Technische Daten der Martens'schen Lok „The Bug"

Zylinderbohrung	116 mm	Heizfläche	9,15 m²
Kolbenhub	160 mm	Rostfläche	0,19 m²
Treib-Kuppelrad Durchmesser	400 mm	Kesseldruck	12 at
Achsstand	900 mm	Leergewicht Lok und Tender	4150 kg
Gesamtlänge Lok und Tender	4530 mm	Betriebsgewicht	5282 kg

Die einzige B-Lok „The Bug" auf der Deva 1925 mit Wagenzugdachwagen, nach der Seite offen

Die Martens'sche 2C1-Liliputlok 1926 auf der Düsseldorfer Ausstellung Gesolei, an der S-Kurve am Sporthafen

Die Gesolei-Strecke, Kilometer 3,8, Südportal des 102 m langen Tunnels am Gleisdreieck

Die Gesolei-Strecke, Kilometer 4,38, idyllische Parkstrecke im Hofgarten vor Bahnhof Haupttor

Auch auf der Hygieneausstellung 1931 in Dresden waren die Liliputzüge, Wagenzug mit Wetterschaldach

Die Martens'schen Liliput-Lokomotiven in Köln 1928 auf der Pressa-Strecke. Die beiden Wahrzeichen Kölns: Liliput und der Dom. Rechts Gebäude der Reichsbahndirektion

Die Martens'sche Liliput auf der Bauausstellung in Berlin 1931 auf dem Riesenfreigelände

Die 2C1-Pacific-Einheitslokomotive „Jan Wellem" der Firma Krupp AG, Essen, Spurweite 15 Zoll = 381 mm, für die Ausstellung „Schaffendes Volk", Düsseldorf 1937 erbaut. Sie war die erste Konkurrentin zur Martens'schen Einheitstype

Die Krupp'sche Pacific mit offenem Wagenzug, Düsseldorf 1937

Ausstellungszug in Düsseldorf 1937 mit offenen Wagendächern und der 2C1-Lok „Radschläger"

Die Martens'sche 2C1-Liliput-Lokomotive im Wiener Prater, dahinter das bekannte Riesenrad, um 1938

Auf der Reichsgartenausstellung Stuttgart 1939 fuhr eine Martens'sche Liliputlok mit Namen „Götz von Berlichingen" mit Wagenzug

Die 1950 neu gebaute Liliputlok „Springerle" auf der Deutschen Gartenschau Stuttgart 1950, mit viel Publikum und Zuschauern

Einige Jahre später eine Liliput-Lokomotive auf dem Killesberg Stuttgart in voller Fahrt

züge. Von dieser Bauart wurden noch weitere zwei gebaut, eine davon fuhr 1927 auf der Münchener Ausstellung „Das bayerische Handwerk".

Für die Reichsausstellung „Schaffendes Volk" 1927 in Düsseldorf baute die Firma Krupp AG, Essen, drei 2C1-Lokomotiven in der Spurweite 381 mm in der Nachbildung der neuesten Reichsbahn-Schnellzuglokomotiven. In ihren Hauptabmessungen waren diese ähnlich der Martens'schen von Krauss. Sie erfreuten sich bei den damaligen Besuchern größter Beliebtheit und hatten die Namen „Düssel", „Jan Wellen" und „Radschläger". Betrieben wurde die Bahn von der Rheinischen Bahngesellschaft. Nach Beendigung der Ausstellung sollten sie nach Thailand kommen, doch der Versand unterblieb durch den Ausbruch des Zweiten Weltkriegs. 1949 fuhren sie in einer Parkanlage in Köln. Da sich die dortigen Einwohner aber über den Lärm und Qualm beschwerten, wurde der Betrieb eingestellt. Auf der Deutschen Verkehrsausstellung München 1953 fuhren zwei unter dem Namen „Rumpelstilzchen" und „Struwwelpeter" auf der alten DEVA-Strecke. In ihrer Leistung standen die Lokomotiven denen von Krauss in keiner Weise nach. Nach Ende der Ausstellung blieben die Lokomotiven 20 Jahre abgestellt, ehe das Bressingham Steam Museum in Norfolk die Loks kaufte und dort unter den Namen „Männertreu" und „Rosenkavalier" zum Einsatz brachte. Die dritte Lok kam 1976 zur RH&DR, wurde aufgearbeitet und befindet sich mit dem Namen „Black Prince" im planmäßigen Betriebseinsatz.

Für die Reichsgartenschau 1939 auf dem Killesberg in Stuttgart plante und baute die Firma Brangsch die Strecke und verlieh die Loks und Wagen, darunter zwei Martens'sche 2C1-Loks. Wäh-

Die Krupp'sche Liliput-Lokomotive „Männertreu" auf der Deutschen Verkehrsausstellung München 1953 mit Wagenzug

Auf dem Dampfmodellbahngelände Gebr. Brast, Luzern, ist eine A $^{3}/_{5}$ der SBB in Spurweite 15 Zoll = 381 mm zu sehen

rend des Krieges wurden die Fahrzeuge in einem Steinbruch bei Kamenz eingelagert. Als 1950 die Deutsche Gartenschau in Stuttgart stattfand, wurden bei Krauss-Maffei zwei neue 2C1-Liliput-Lokomotiven mit Druckluftbremse nach den Plänen von Martens geliefert. Sie erhielten die Namen „Tatzelwurm" und „Springerle". Für verkehrsschwache Zeiten wurde nun eine Diesellokomotive mit 35 PS Leistung mit dem Namen „Blitzschwoob" in Dienst gestellt. Bei der Bundesgartenschau 1961 mussten die Fahrzeuge ihre Leistung erneut unter Beweis stellen. Für die Internationale Gartenschau 1993 kam eine weitere Diesellok hinzu. Die von der Firma Diema, Diepolz, gebaute hatte eine Leistung von 47 PS. 1995 wurde die gesamte Anlage der Liliput-Eisenbahn in Stuttgart zum technisch historischen Denkmal erklärt. Für Befeuerung und Betrieb ist heute ein Förderverein vorhanden.

In den neuen Bundesländern befinden sich zahlreiche Parkeisenbahnen in verschiedenen Spurweiten, an Fahrzeugen sind Dampflokomotiven, hauptsächlich verschiedene Bauarten von Dieselloks, vereinzelt auch Akkuloks vorhanden. Im September 1967 wurde von verschiedenen Dampfbahnfreunden der „Dampfbahn-Club Deutschland" (DBC-D) gegründet. In der Zwischenzeit breitete sich über Deutschland ein Virus aus, das zur Folge hatte, dass es heute verschiedene Vereinsanlagen in den Spurweiten 89 mm ($3^{1}/_{2}$ Zoll), 127 mm (5 Zoll) und 184 mm ($7^{1}/_{4}$ Zoll) gibt, die sich bei zahlreichen Besuchern größter Beliebtheit erfreuen. Auch hier sind neben den Dampflokomotiven Benzin- beziehungsweise Kleindieselloks sowie Akkuloks in allen Bauarten zu sehen.

Eine weitere Besonderheit sind Liliput-Straßenbahnen, wie sich eine am Waldheim der Stuttgarter Straßenbahn in Degerloch befindet, in 600 mm Spurweite auf einer 220 m langen Strecke und nur für Kinder. Vorhanden ist ein Motorwagen mit 16 Sitzplätzen sowie Anhänger mit 18 Plätzen, geführt von einem Straßenbahner. Gebaut wurde die Anlage in den Jahren 1925 bis 1933. Betrieben wird sie nur an gewissen Tagen im Sommer, da die Wagen im Stil der Stuttgarter Vorkriegs-Straßenbahn offen sind. Die mit 42 V Drehstrom betriebene Bahn hat eine doppelte Fahrleitung, die Geschwindigkeit beträgt 10 km/h.

Eine Shay-Lokomotive in 5 Zoll = 127 mm Spurweite auf dem Internationalen Dampfbahnertreffen in Öhringen-Friedrichsruhe, August 1975

Eine preußische G 8 Gartenbahnlokomotive, Spurweite 5 Zoll = 127 mm, mit anderen Loks auf dem Internationalen Dampfbahnertreffen in Öhringen-Friedrichsruhe, August 1975

Die Liliput-Straßenbahn von 600 mm Spurweite im Waldheim der Stuttgarter Straßenbahn

Die Eifelstrecke im Wandel der Zeiten

von Michael Folkers

Die Eifel, damals auch das Sibirien des Westens genannt, wies eine unglaubliche Triebfahrzeug-Vielfalt vor, eine derartige Vielfalt, wie sie keine andere Eisenbahnstrecke in Deutschland zu bieten hatte. Die Geschichte der Strecke soll hier erzählt werden.

Das vom Reisenden wiedergegebene Bild der Eisenbahn in der Öffentlichkeit, das vornehmlich durch ihre Fahrzeuge geprägt ist, war besonders in Liblar von Beginn an vielfältig und abwechslungsreich. Den Bahnhof berührten Haupt- und Nebenstrecken. Die Eifelstrecke stellt aufgrund ihres Charakters einer Gebirgsstrecke besondere betriebliche Anforderungen, und so fand sich über die Jahrzehnte hinweg eine große Zahl von verschiedenen Fahrzeugen und Fahrzeugbauarten in diesem Bahnhof und auf der Eifelstrecke (heutige Kursbuchstrecke 474) ein.

Gleichzeitig mit Erteilung der Konzession für die Strecke Kall–Trier genehmigte die preußische Staatsregierung der Rheinischen Eisenbahn (RHE) am 12. November 1866 den Bau und Betrieb der Strecke Euskirchen–Köln. Einfluß auf die Linienführung sowie die Bereitschaft der RHE, die Strecke zu bauen, nahm letztlich auch der aufstrebende Rheinische Braunkohlenbergbau. Im Hinblick auf den zu erwartenden Braunkohlenverkehr, der den Bau der Strecke auch wirtschaftlich lohnend erscheinen ließ, trassierte die RHE die zu erbauende Linie insbesondere im Abschnitt Kierberg–Liblar mitten durch die Abbaufelder und begünstigte dadurch den Transport der Rohbraunkohle und Briketts. Zwischenzeitlich entstand das 1874 fertiggestellte und aufwendig gebaute Bahnhofsgebäude in Liblar. Das Empfangsgebäude war in Ziegelmauerwerk, mit Zierlinien aus Tonformsteinen ausgeführt. Besonders das Bahnhofsgebäude in Liblar erinnerte an den Stil einer großbürgerlichen Villa, damit wollte die RHE ihre wirtschaftliche und wichtige Stellung im westdeutschen Eisenbahnnetz zum Ausdruck bringen. Durch den Braunkohlentagebau erlangte der Bahnhof Liblar in den Jahren von 1904 bis 1960 seine größte Bedeutung.

57 3250, Preußische G 10, Bhf. Liblar, 1925 Bild: Sammlung M. Folkers

Luftaufnahme Bhf. Liblar, Brikettfabrik und Gleisanlagen, 1954

Bild: Sammlung M. Folkers

Bestimmten ursprünglich die Fahrzeuge der RHE den Fahrdienst, so wurde mit der Verstaatlichung dieser privaten Eisenbahngesellschaft und der weiteren Ausdehnung des Streckennetzes das Bild bunter, spiegelte dann die Vielfalt der Betriebsmittel der Deutschen Reichsbahn und später der Deutschen Bundesbahn und heute der Deutschen Bahn AG wieder.

Personenverkehr

Zu den ersten fabrikneuen Loks, die auf der Eifelstrecke erschienen, gehörte die von der Berliner Lokfabrik Borsig gebaute B'1-Tenderlok mit dem Namen „Sphinx", Bahn-Nummer 117. Sie leistete ihren Dienst vor Bauzügen während des Baues der Eifelbahn im Abschnitt Kalscheuren–Liblar–Euskirchen,

Preußische S 10^1, Bauart 11, Lok-Nummer 17 1001, 1933

03 077, BW Köln Bbf, D 152, Eifelbahn bei Urft, 1953

denn gemäß dem Betriebsprogramm der RHE war diese Lokbauart für Personen- und Güterbeförderung auf kurzen Strecken bestimmt. Die „Sphinx" war die erste Lok, die den Bahnhof in Liblar erreichte.

Wegen der wachsenden Zugförderungsaufgaben beschaffte die RHE bei der Lokomotivfabrik Beyer, Peacock und Co. in Manchester, England, fünf Personenzug-Tenderlokomotiven der Achsfolge 2'B, die sie auf der neuen Eifelstrecke einsetzte. Die ab 1871 gebauten Lokomotiven trugen die Namen der im Krieg 1870/71 bedeutsam gewordenen Orte Gravelotte, Mars la Tour, Sedan, Amiens und Diedenhofen, dann die Lok-Nummern 133 bis 137, schließlich ab 1882 die Ordnungs-Nummern Cöln 1438 bis Cöln 1442. (Köln wurde damals mit C geschrieben.)

Diese Lokomotiven entstanden nach amerikanischem Vorbild in englischer Ausführung, jedoch mit überdachtem Führerstand. Einige dieser Maschinen erhielten ab 1890 Schlepptender, was sich auf der Eifelstrecke betrieblich günstig auswirkte. Als 1875 der direkte Anschluß von Euskirchen nach Köln hergestellt war, trug die Lok des ersten auf dieser Strecke planmäßig verkehrenden Personenzuges den Namen „Lessing" (Bahn-Nummer 374). Mit der Fabrik-Nummer 2975 war sie 1873 bei Borsig in Berlin als Personenzug-Schlepptenderlok mit der Achsfolge 1'B gebaut worden. Im Jahre 1879 beschaffte die RHE bei der Firma Vulcan in Stettin mehrere, vor allem für die Eifel bestimmte 2'B-Personenzug-Schlepptenderlokomotiven. Sie erhielten die Bahn-Nummern 408 bis 414, wurden 1880 von der Preußischen Staatsbahn übernommen und liefen bis Anfang 1890 auf der Eifelstrecke, bis sie von neu entwickelten und stärkeren „preußischen" Lokomotiven ersetzt wurden. Dazu gehörten mehrere bei der Maschinenbau-Gesellschaft Grafenstaden (Elsaß) gebaute 2'C-Lokomotiven der Gattung P 7 mit Vierzylinder-Verbundtriebwerk (Bauart de Glehn), die die KED Köln um 1900 auf der Eifelstrecke schwerpunktmäßig einsetzte. Leider konnten diese Maschinen nicht voll befriedigen.

Eine entscheidende Besserung des Zugförderungsdienstes trat erst ein, als 1906/07 die ersten Neubauten von 2'C-Personenzuglokomotiven der Gattung P 8 erschienen, die sich vor allem später in ihrer verbesserten Ausführung der P 7 überlegen zeigten. Von nun an besorgten die P 8-Loks (später BR 38), die nach dem Ersten Weltkrieg in größeren

39 143, BW Jünkerath/Eifel, P 1555, Einfahrt Bhf. Köln-Deutz, 1959

Stückzahlen in Dienst gestellt und ab 1925 auch dem Bahnbetriebswerk Euskirchen zugeteilt waren, zuverlässig einen Großteil des Reisezugdienstes mehr als 50 Jahre lang, bis sie 1968 durch Dieselloks der BR V 100 (211/212) ersetzt wurden. Und nicht zu vergessen die preußische T 18, BR 78, Achsfolge 2'C'2, die ebenfalls viele Jahrzehnte im leichten Personenzugdienst zum Einsatz kam. Doch zurück zur P 8.

Die P 8 gehörte lange Zeit zum täglichen Erscheinungsbild auf der Eifelstrecke. Ab 1. Mai 1892 verkehrten in Deutschland Schnellzüge aus neuartigen Durchgangswagen. Die Bezeichnung der Zuggattung lautete D-Zug. Natürlich kam auch die P 8 vor diesen Zügen zum Einsatz. Seit dem Frühjahr 1896 fuhren diese für die damalige Zeit bequemen und fortschrittlichen Züge, zum Teil sogar mit Speisewagen

39 152, BW Jünkerath, E 554 nach Saarbrücken im Bhf. Euskirchen, September 1965

ausgestattet, auch auf der Eifelstrecke Köln–Trier. Selbst im Kriegsjahr 1917 verzeichnete die Eifelstrekke mit sieben D-Zügen nach Trier noch einen beachtlichen Fernverkehr. Die Beförderung dieser D-Züge über die steigungs- und krümmungsreiche Eifelstrecke erforderte entsprechende leistungsfähige Dampfloks. Eine besonders geeignete Lokbauart fand man in der nach 1919 entwickelten Dreizylinder-Heißdampflok der Gattung P 10, spätere BR 39. Loks dieser Gattung mit der Achsfolge 1'D'1 hatten sich auf anderen schwierigen Gebirgsstrecken in Mitteldeutschland bewährt. So war es natürlich naheliegend, daß sie, ab Jahreswende 1926/27 in den BW Jünkerath und zwischenzeitlich in Köln Bbf. beheimatet, die schweren Reisezüge (D-, E-, P-Züge) Dortmund/Köln–Liblar–Euskirchen–Trier–Saarbrücken übernahmen, wodurch beträchtliche Fahrzeitgewinne und erhöhte Wirtschaftlichkeit bei der Zugförderung erzielt wurden. Nunmehr fand die BR 39 auf der Eifelstrecke, die zu ihrer westdeutschen Stammstrekke wurde, fast 40 Jahre bis Ende Mai 1966 ihre Heimat und verdiente sich dort den Ehrennamen „Eifel-Lok".

Schauen wir uns den Lokbestand der BR 39 im BW Köln Bbf. im Jahre 1928 an: 39 123, 39 124, 39 126, 39 127, 39 128, 39 150, 39 152. Dazu kam 1930 noch das BW Köln-Deutzerfeld mit den Lok-Nummern 39 031, 39 032, 39 049, 39 050, 39 055, 39 120. Im April 1944 sah der Bestand dann folgendermaßen aus: BW Köln-Deutzerfeld: 39 116, 39 120, 39 150, 39 151, 39 152, 39 153. Das BW Köln Bbf. hatte keine 39er mehr im Bestand.

Nun zum BW Jünkerath/Eifel, das BW der BR 39! 1926 machte Jünkerath erstmals Bekanntschaft mit der BR 39. Erste P 10 waren 39 049, 39 050, 39 051 und 39 061. Das BW Göttingen gab am 16. Dezember 1926 39 052 und 39 154 an Jünkerath ab. Bereits im Januar 1927 erhöhte sich der Bestand um sechs weitere P 10, die das BW Osnabrück hierher abgab: 39 062, 39 063, 39 064, 39 065, 39 066 und 39 067. Die Verlagerung von Zugleistungen war die Ursache, daß schon am 1. April 1928 39 049 bis 39 051 zum BW Köln Bbf. kamen, sodaß der Jünkerather Bestand fortan acht Loks der BR 39 enthielt. Auf dem täglichen Programm standen Durchläufe Köln–Saarbrücken und Dortmund–Trier mit Personalwechsel in Jünkerath, also ein typisch preußisches „Aus der Mitte fahren", was übrigens in Jünkerath bis zum Ende der P 10-Zeit 1966 beibehalten wurde. Nach dem Zweiten Weltkrieg waren folgende P 10 der BR 39 in Jünkerath beheimatet. Anhand des Bestandes erkennt man, daß somit fast jede 39er der DB einmal in Jünkerath beheimatet war.

39 009		03.06.1965–24.05.1966	Z
39 011		25.04.1951–19.02.1954	
39 014		30.03.1961–06.08.1965	Z
39 015		12.07.1957–05.10.1960	Z
39 022		13.06.1959–13.01.1962	Z
39 042		30.05.1957–01.06.1965	Z
39 048		04.06.1964–28.01.1966	Z
39 051		07.05.1952–31.08.1953	
	und vom	10.09.1953–06.04.1954	
39 056		25.04.1951–06.04.1954	
	und vom	04.06.1957–13.12.1958	Z
39 057		16.10.1958–27.02.1966	Z
39 062		25.04.1951–09.05.1953	
39 064		01.03.1961–26.02.1965	Z
39 072		01.09.1957–05.07.1958	Z
39 075		16.11.1962–13.10.1965	Z
39 083		17.05.1951–21.05.1954	
39 084		12.05.1951–22.04.1954	
39 088		12.05.1951–21.05.1954	
39 090		12.05.1951–13.04.1954	
39 095		17.05.1951–08.05.1954	
39 096		01.03.1952–25.05.1954	
39 102		04.06.1964–18.01.1966	
39 103		16.11.1962–31.05.1964	Z
39 106		07.02.1962–01.11.1962	Z
39 109		01.10.1962–01.04.1964	Z
39 110		20.01.1962–06.12.1963	Z
39 114		27.05.1957–12.01.1962	Z
39 119		08.10.1958–17.09.1959	Z
39 126		29.07.1958–29.11.1960	Z
39 128		03.05.1965–15.03.1966	Z
39 138		22.05.1964–30.06.1965	Z
39 143		01.06.1957–28.10.1965	Z
39 146		25.04.1951–15.03.1954	
39 152		03.06.1965–14.04.1966	Z
39 158		02.06.1958–07.06.1963	
	und vom	30.07.1963–06.07.1965	Z
39 161		02.06.1958–11.12.1964	Z
39 162		01.10.1962–10.01.1963	Z
39 173		29.05.1957–10.02.1965	Z
39 184		11.12.1959–20.01.1960	Z
39 198		14.04.1957–01.04.1966	Z
39 204		28.01.1966–31.05.1966	Z
39 223		31.05.1957–16.04.1958	Z
39 225		25.05.1957–03.11.1965	Z
39 229		23.04.1958–04.06.1959	Z

01 008, vom BW Trier, E 554, Münster–Saarbrücken, bei Brühl-Heide, März 1968

50 2918, KAB, Dg 7824, in Liblar, März 1968

39 232	22.05.1964–17.04.1965	Z
39 233	01.10.1962–01.09.1964	Z
39 236	10.06.1959–22.03.1965	Z
39 240	29.05.1957–04.06.1959	Z
39 241	12.12.1959–12.03.1960	Z
39 250	04.06.1964–18.12.1964	Z
39 256	27.05.1961–22.12.1961	Z
39 257	03.06.1961–31.05.1965	Z

Z = Zurückstellung von der Ausbesserung, das heißt dieses letzte Datum bedeutet nicht unbedingt die tatsächliche Abstellung der Lok.

Erstaunlich ist, daß die P 10 noch bis zum Ende Höchstleistungen zeigten, noch im Winter 1965/66 fuhr sie am Tag 1 die Höchstleistung von sagenhaften 627 km/h. Im BW Jünkerath/Eifel ist die P 10 „untergegangen", dazu verhalf ihr der Strukturwandel mit den Dieselloks der BR V 100 und V 160 (211 und 216), die nach und nach neben geliehenen Kölner 03 und Trierer 01 die P 10 verdrängten, bis 39 204 am 25. Mai 1966 ihre letzte Fahrt über die Eifelbahn unternahm, um am 31. Mai 1966 als letzte P 10 für immer abgestellt zu werden. Dabei war das gar nicht nötig, denn nach den geltenden Kesselvorschriften hätte die 39er noch fahren können. Zahlreiche Jünkerather P 10 hätten bis 1970 verlängerte Kesselfristen erhalten können. 39 014, 39 048 und 39 198 wiesen Kesselfristen bis 15. Februar 1971, 12. November 1971 und 13. Mai 1971 auf. Die letzten Fahrten der Jünkerather 39er waren:

39 102	14.01.1966	P 1580	Köln/Deutz–Trier
39 048	20.01.1966	D 157	Saarbrücken–Köln
39 057	24.02.1966	P 1585	Jünkerath–Köln/Deutz
39 128	12.03.1966	E 555	Saarbrücken–Köln/Deutz
39 198	31.03.1966	D 142	Köln–Saarbrücken
39 152	13.04.1966	P 1567	Trier–Köln/Deutz
39 009	20.05.1966	E 554	Dortmund–Saarbrücken
39 204	25.05.1966	P 1560	Junkerath–Köln/Deutz

Die P 10, BR 39 – das war für Generationen der Inbegriff aller Technik überhaupt, das war die Lok, vor deren Zischen und donnerndem Anfahren der unbelastete Reisende ehrfürchtig erschauerte, bei deren Vorbeifahrt jedermann stehenblieb und ihrer verwehenden Dampfwolke nachblickte. Welcher jüngere Eisenbahnfreund kann sich an die P 10 überhaupt noch erinnern?

Die Tage sind längst Geschichte geworden, als wir auf dem Bahnsteig in Liblar standen, ganz vorn, dicht neben dem singenden, brodelnden Kessel der 39er, auf den Abfahrtspfiff harrend, um dann dieses packende Ereignis zu erleben, wenn sich die vierfach gekuppelten Treibräder in Bewegung setzten, Dampf aus den Zylindern zischte, der erste Auspuffschlag

41 334, rückfahrende Schublok des Dg 7824, in Liblar, März 1968

aus dem Schornstein donnerte und dann jenes so arteigene Puffen anhob, mit seinem an die Radumdrehung gekoppelten Rhythmus. Es will uns fast als Mär erscheinen, daß wir noch vor Jahren zur Eifelstrecke pilgerten und voller Spannung dem Nahen des Zuges entgegensahen, nur um die 39er zu be-wundern, die gekrönt von einer gewaltigen Dampfwolke in den Bahnhof einfuhr. Oder der Schnellzug D 152, Lok 39 198, der den Bahnsteig ohne Halt entlang donnerte, daß eine Staubwolke aufstob und unter dem Wirbel der Treibstangen der P 10 Einzelheiten des Triebwerkes nicht mehr zu unterscheiden waren. Zum letzten Mal bespannte am 25. Mai 1966 die 39 204 den P 1560, Last 350 t, ab Bahnhof Jünkerath über Kall, Euskirchen, Liblar, Kierberg, Kalscheuren, Köln-Süd, Köln Hbf., Köln-Deutz. Ich werde es nie vergessen, wie die gewaltige 39 204 am Bahnsteig 3 im Bahnhof Liblar zum Halten kam. An der Rauchkammertür der Lok stand „Letzte Fahrt". Doch kaum ein Reisender beachtete die P 10 vor dem fünf Wagen umfassenden Personenzug. Nach dem Abfahrtspfiff vom Zugschaffner setzte 39 204 zum letzten Mal ihre vier mächtigen Treibräder in Bewegung. Immer schneller erfolgte der Dreizylindertakt, selbst als schon lange von 39 204 nichts mehr zu sehen war, blickte ich ihr noch lange nach. – Die ewigen Apostel des Fortschritts tun allerdings so, als hätte es die P 10, BR 39 nie gegeben, erst in der Dieseltraktion erblickte man das Ei des Columbus. Obwohl eine V 100 oder V 160 leistungsmäßig nicht mal annähernd an eine P 10 herankam. Zwei P 10-Lokomotiven blieben erhalten. Eine davon steht im nicht öffentlichen Werksmuseum der Firma Linke-Hoffmann-Busch in Salzgitter. Es ist die ehemalige Jünkerather 39 184. Die einzige P 10 mit Hängeeisensteuerung, Lok 39 230, hervorragend aufgearbeitet 1984 im AW Trier, gehört der Deutschen Bahn AG und steht zur Zeit in Neuenmarkt-Wirsberg im Deutschen Dampflok Museum.

Obwohl Elsaß-Lothringen 1919 an Frankreich abgetreten werden mußte, nahm die Deutsche Reichsbahn den nunmehr grenzüberschreitenden Schnellzugverkehr über die Eifelstrecke nach Straßburg ab 1925 mit D 156/D 157 (mit Speisewagen) und D 163/D 166 (mit Speisewagen im Abschnitt Köln–Trier) für einige Jahre wieder auf. In den Jahren waren auch bei den Personenzügen kürzere Fahrzeiten möglich geworden, etwa bei den schweren Langlauf-Personenzügen Köln–Euskirchen–Trier–Saarbrücken, deren Fahrzeitgewinne auf der Eifelstrecke zum Teil mehr als eine Stunde ausmachten. Diese Züge, herabsetzend auch „Bummelzüge" genannt, waren für die Eifelbahn mit ihrem weiten Einzugsgebiet von nicht zu unterschätzender Bedeutung, weil sie als „Mitläu-

50 1288, KAB, Dg 7824, Schublok 41 334, in der Steigung in Liblar, März 1968

38 1889 T-30 W, Zughalt, Bhf. Kierberg, letzte Fahrt, 1. Mai 1969

216 172-7, E 554 nach Saarbrücken bei Brühl-Heide, Juni 1969

ferverkehr" in besonderen Wagen Expressgut sowie Postsendungen und bedarfsweise in gedeckten Güterwagen eilige Frachten beförderten. Zur Belieferung Liblars und Euskirchens und der zahlreichen im Postempfangsgebiet liegenden Eifelbahnhöfe mit Brief- und Paketpost waren zum Beispiel für den Frühzug P 554 meistens zwei Postwagen erforderlich. Zuglok war eine P 8, BR 38. Im krassen Gegensatz dazu stand eine interessante Eilzugverbindung, die zwar für Liblar und die Eifel ohne verkehrliche Bedeutung, in Deutschland jedoch einmalig war und bis heute ohne Beispiel geblieben ist. Es handelt sich um das Zugpaar Et 151 / Et 152, das vorwiegend auf den Geschäfts- und Dienstreiseverkehr des mit dem Deutschen Reich wiedervereinigten Saarlandes abgestimmt war und ab 1937 morgens von Saarbrücken nach Köln und abends in der Gegenrichtung verkehrte. Der Zug, auch „Eifelblitz" genannt, durchfuhr die Teilstrecke Köln–Eifel–Trier–Saarbrücken in beiden Richtungen ohne Zwischenhalt in nur zwei Stunden und 40 Minuten bei einer Reisegeschwindigkeit von 70 km/h. 180 km ohne Halt – das war das Besondere und Einmalige an diesem Eilzug, der die Eifelstrekke zu einem bemerkenswerten Rekordträger machte. Zunächst wurde dieser Zug mit einer zweiteiligen Triebwageneinheit VT 137 gefahren, später als lokbespannter Zug mit zwei Einheits-Eilzugwagen der Bauart 1935. Befördert wurde der Zug stets von einer

044 685-6 und 044 117-0, Umleiter Dg, erste 44er nach 27 Jahren im Bhf. Euskirchen, Juni 1970

055 193-7, Preußische G 8.1, Ng 41 799, bei Arloff, Juni 1970

Saarbrücker Schnellzuglok der BR 17.10, Bau-art 11. Mit Inkrafttreten des Kriegsfahrplans 1939 wurde dieser Zug nicht mehr aufgeführt.

Auch soll von einem Fernzug die Rede sein, der die Eifelstrecke für kurze Zeit und einmalig „international" aufwertete. Ab Sommer 1940 bis Mitte 1944 verkehrte ein Schnellzug für Fronturlauber mit Reisezugwagen (SFR) von Hamburg über Köln, Euskirchen, Trier und Metz nach Paris. Ob dieser Zug auf seinem langen, von den Auswirkungen des Krieges ab Anfang 1943 immer mehr gefährdeten Weg pünktlich in Euskirchen und in Paris eintraf, bleibt dahingestellt. In den Wiederaufbaujahren nach 1950 orientierte sich das Reisezugangebot der Eifelstrecke an den Fahrplänen der Vorkriegsjahre. Bald aber setzte der Wirtschaftsaufschwung ein, der den wechselseitigen Reise- und Berufsverkehr zwischen der Eifel und Köln stark ansteigen ließ, worauf die DB die Zahl der Züge vermehrte und den Fahrplan neu gestaltete.

Bis etwa Mitte der sechziger Jahre wies die Eifelbahn auch einen derart starken Sommerreiseverkehr auf, daß zum Beispiel an Wochenenden zum Morgenzug D 152 Köln–Euskirchen–Saarbrücken ein Vorzug Köln–Trier gefahren werden mußte. Nachdem zu Beginn der sechziger Jahre den Bahnbetriebswerken Köln-Nippes und Jünkerath die ersten Neubau-Dieselloks der BR V 100 zugeteilt worden waren, drangen sie vorübergehend in die Dienstpläne der Jünke-

050 001-7, KAB, BW Köln-Eifeltor, Juni 1972

rather BR 39 ein (nur leichte Personenzüge). Diese inzwischen 40 Jahre alten Dampfloks, deren Einsatzbestand bis zum endgültigen Ausscheiden Ende Mai 1966 immer mehr abnahm, hatten in den letzten Jahren nahezu den gesamten langlaufenden Reisezugdienst auf der Eifelstrecke bewältigt.

Für die schneller fahrenden D-Züge zwischen Köln und Saarbrücken traten Anfang 1953 Dampfloks der BR 03 und ab 1964 die schweren Maschinen der BR 01, die beim BW Köln-Deutzerfeld und Trier beheimatet waren, an die Stelle der BR 39. Allerdings erwies sich die BR 03 aufgrund ihrer Konstruktionsmerkmale auf den Steigungen der Eifelstrecke als ungeeignet und mußte nochmals durch die BR 39 ersetzt werden. Sehen wir uns den Lokbestand der BR 03 im BW Köln-Deutzerfeld einmal genauer an. Für den Einsatz auf der Eifelstrecke kamen die folgenden Loks zum Einsatz: 03 005, 03 008, 03 017, 03 035, 03 054, 03 055, 03 061, 03 074, 03 077, 03 088, 03 092, 03 093, 03 094, 03 107, 03 111, 03 112, 03 114, 03 132, 03 136, 03 170, 03 179, 03 193, 03 196, 03 211, 03 220, 03 221, 03 222, 03 241, 03 245, 03 248, 03 252, 03 268, 03 276, 03 291, 03 292 = 35 Loks

Nun zum 01-Bestand des BW Trier, die die Eifelstrecke bis zum Ende der Dampflokunterhaltung befuhren, ehe sie an das BW Ehrang abgegeben wurden: 01 008, 01 019, 01 037, 01 039, 01 047, 01 051, 01 052, 01 059, 01 060, 01 061, 01 062, 01 067, 01 073, 01 079, 01 080, 01 081, 01 102, 01 108, 01 111, 01 112, 01 123, 01 235 ex 02 = 22 Loks

Die 01 wurden vor den hochwertigen Zügen der Eifelstrecke von Kölner und Trierer Dieselloks der BR 216 verdrängt. Als letzte 01 gab 01 108 ihre Abschiedsvorstellung auf der Eifelstrecke. Ab 1966 verkehrte werktäglich auf der Eifelstrecke ein Zug, der weit über Euskirchen und Köln hinaus Beachtung fand. Dies war der aus Doppelstockwagen gebildete Eilzug E 3532 / E 3515, der aufgrund seines Platzangebotes und seiner Ausstattung hauptsächlich im Berufsverkehr zwischen Köln und Jünkerath eingesetzt wurde. 1973 fuhr dieser Doppelstockzug, nun mit einer 216 bespannt, zum letzten Mal von Köln in die Eifel. Nach dem Ende der Dampflokzeit verkehrten auf der Eifelstrecke neben der BR 211/212 Dieselloks der BR 216 sowie Verbrennungstriebwagen VT 795 / VT 798 und VT 614 / VT 624, speziell diese Triebwagen waren damals schon mit gleisbogenabhängiger Wagenkastensteuerung und Luftfederung ausgerüstet. Bereits 1975 endete der Einsatz der VT 624, die an das BW Braunschweig abgegeben wurden. Die VT 795 / VT 798 liefen ausschließlich auf Nebenstrecken der Eifel im leichten Personenzugdienst. Die BR 216 wurde ab 1980 von der BR 215 vollständig verdrängt. Die Einführung eines Schnellzug-Taktverkehrs Anfang 1980 hatte zur Folge, daß die Eifel-D-Züge Köln–Saarbrücken nunmehr in Trier endeten. Nach Norden dagegen dehnte sich ihr Laufweg weiter aus. Die beiden zuletzt verbliebenen D-Züge D 2135 / D 2136 und D 2137 / D 2138 begannen und endeten nicht mehr in Köln und Dortmund, sondern in Norddeich-Mole und Münster, wodurch Euskirchen und die Eifel jahrelang vorzügliche Verbindungen zur Nordsee und Westfalen hatten. Liblar wurde Anfang der achtziger Jahre zur D-Zug-Station. Mit diesen Zügen von Norddeich-Mole nach Trier beziehungsweise von Trier nach Münster kamen erstmalig auch Dieselloks der BR 221 zum Einsatz. Das Heimat-BW der 221 war aber nicht Trier, sondern Oberhausen-Osterfeld Süd, die auch das Lokpersonal stellten, übrigens für den gesamten Laufweg der BR 221. Mit dem Beginn des Jahresfahrplans 1991/92 gingen diese Schnellzüge im Taktfahrplan der Eilzüge Köln–Erftstadt–Trier auf, die mit der BR 215 bespannt waren. Hier die letzten D-Züge auf der Eifelstrecke: D 2135 Trier–Münster, Zuglok 215 033-2 am 1. Juni 1991; D 2136 Norddeich-Mole–Trier, Lok 215 037-3 am 1. Juni 1991. Somit war der D 2136 der absolut letzte D-Zug auf der Eifelstrecke.

Die Umstellung in der Zugförderung auf der Eifelstrecke hatte sich bereits Ende der sechziger Jahre vollzogen. Doch welche Triebfahrzeuge fahren heute, 2006, von Köln in die Eifel? Schauen wir uns das einmal genauer an. 1998 kamen erstmalig VT 611 „Pendolino" zum Einsatz. Diese Neigetechnik-Züge, die von Saarbrücken nach Köln fuhren, sollten die Fahrzeiten erheblich verkürzen und an die Erfolge von früher „erinnern". Leider stand der Einsatz der VT 611 von Anfang an unter keinem guten Stern. Motorschäden, ständige Probleme mit der Neigetechnik führten zur „Pendolino-Krise" auf der Eifelstrecke. Nach nur zwei Jahren wurden die VT 611 abgegeben und die 215 war wieder vor den „hochwertigen" Zügen zu sehen. Im Oktober 1998 begannen auch die Testfahrten mit den neuen VT 644 Talent, die im Personennahverkehr eingesetzt werden sollten. Diese Triebwagen mit diesel-elektrischem Antrieb bewährten sich recht gut. Die DB AG hatte nur noch ein Ziel: weg von den lokbespannten Zügen, hin zu den (angeblich) wirtschaftlichen VT 644. Doch dann kam der Jahrhundertsommer 2003, mit extremer Hitze, wochenlang. Wieder gab es eine Krise, die „Talent-Krise". Trier mußte sich Leihloks von Hagen und sogar Halberstadt beschaffen, nun waren wieder mehr lokbespannte Züge zu beobachten (BR 218). Doch diese Krise der VT 644 bekam Deutzerfeld schnell in den Griff, heute „funktionieren" die VT 644 Talent zur vollsten Zufriedenheit. Im Jahre 2001 wurde die BR 215 von der BR 218 vollständig abgelöst. Obwohl die BR 218 eine der leistungsstärksten Dieselloks ist, die bisher auf der Eifelstrecke zum Einsatz kam (2800 PS, MTU-Motor,

012 061-8, D 28 241, nach Trier, in der Steigung bei Brühl-Vochem, 24. Mai 1975

abgasoptimiert), sind auch ihre Tage gezählt. Die 218 befördern den Eifel-Mosel-Express von Trier nach Köln-Messe/Deutz und zurück. Alle 218 sind im BH Trier beheimatet.

Vom 5. April 2004 bis zum 23. April 2004 kam es zu Versuchsfahrten mit einer Baureihe, die in den siebziger Jahren bereits auf der Eifelstrecke zum Einsatz kam. Nach einer Hauptuntersuchung kamen die Nürnberger VT 614 018-0 und VT 614 010-7 zum Einsatz als Eifel-Mosel-Express. Dieser erhielt einen Umlauftag im 218-Plan, bis er am 26. April 2004 wieder nach Nürnberg zurückfuhr. Zu einem Planeinsatz ist es bisher jedoch nicht gekommen. Ab Mai 2005 läuft nun ein „leistungsschwacher" VT 628 im Umlaufplan der BR 218. Der VT 628 läuft ebenfalls als Eifel-Mosel-Express (mit Verspätung von bis zu zehn Minuten) und hat einen Umlauf im 218-Plan erhalten. Die vielleicht formschönsten und leistungsfähigen VT 612 mit Neigetechnik, deren Versuchsfahrten von Anfang 2004 bis heute andauern, verkehren ausschließlich an den Wochenenden als Eifel-Mosel-Express von Saarbrücken nach Köln-Messe/Deutz, ebenfalls im 218-Plan. Die Rückfahrt erfolgt in der Regel sonntags. Meistens kommt der 612 624-7 zum Einsatz. Diese Triebwagen, übrigens mit einer Höchstgeschwindigkeit von 160 km/h, sollen nach dem jetzigen Stand die inzwischen mehr als 30 Jahre alten Dieselloks der BR 218 ablösen und den Verkehr auf der kurvenreichen Eifelbahn erheblich beschleunigen. Nachfolgend noch der Bestand der BR 218, die nur von DB-Regio Werk Trier eingesetzt werden: 218 128-7, 218 136-3, 218 137-8, 218 151-9, 218 206-1, 218 216-0, 218 217-8, 218 368-9, 218 408-, 218 411-, 218 412-5, 218 414-1, 218 424-0, 218 425- = 14 Loks

Güterverkehr

Die bereits erwähnten Gebirgsmerkmale der Eifelstrecke wirkten sich besonders betriebsbehindernd im Güterverkehr aus. Während man in den ersten Jahrzehnten die Güterzüge bei entsprechendem Gesamtgewicht oftmals trennte und in mehreren Teilen zwischen Liblar und Euskirchen beziehungsweise zwischen Euskirchen und Scheven fuhr, waren später vielfach, wie auch bei den schweren Reisezügen, Vorspann- oder Nachschubdienste erforderlich. Bereits in den Anfangsjahren fuhren Durchgangsgüterzüge (Dg) Rhein/Ruhr–Trier–Saar/Lothringen, entsprechend waren „bergtaugliche" Lokomotiven erforderlich. Die Preußische Staatsbahn griff dazu auf die geeigneten Naßdampf-Schlepptenderlokomotiven der Gattung G 9 der Lokomotivfabrik Grafenstaden zurück. Die hatten als Besonderheit jeweils zwei hintereinanderliegende B-gekuppelte, selbständig arbeitende Verbundtriebwerke der Bauart Mallet. Ab

211 225-8, Ng Köln–Euskirchen, Ausfahrt Liblar, 1983

Preußische G 3, Saarbrücken 3143, früher Cöln 1100, im Bhf. Kyllburg/Eifel, 17. Oktober 1984 Bild: Sammlung M. Folkers

der Jahrhundertwende setzte die Preußische Staatsbahn Maschinen der Gattung G 3, G 7.1 und G 7.2 ein, die etwa ab 1905 von Dampfloks der Gattung G 8 sowie der verbesserten G 8.1 ergänzt wurden. In der Mitte der zwanziger Jahre lösten Güterzuglokomotiven der preußischen Gattung G 10, BR 57.10–57.35 die inzwischen als BR 55.0–55.13 bezeichneten Loks der Gattung G 7 ab. Damit stellte sich vorübergehend eine spürbare Besserung der Güterzugförderung ein.

Die Lokomotiven der BR 57.10–57.35 waren, ebenso wie die BR 55.25–55.56, jahrzehntelang im Güterzugdienst auf der Eifelstrecke anzutreffen. Dabei leisteten die Loks der BR 57 oft Zugdienste auf den Steigungsabschnitten zwischen Kierberg und Liblar beziehungsweise zwischen Euskirchen und Schmidtheim, während die Loks der BR 55 Schiebedienste leisteten. Ab September 1938 kamen die ersten Neubau-Dampfloks der BR 44 fabrikneu zum BW Euskirchen. Diese Dampf-Jumbos mit Dreizylinder-Triebwerk, Betriebs-Nummern 44 066 bis 44 069, wurden sogleich für die Förderung der schweren Baustoffzüge zum Westwall eingesetzt. Aufgrund der hohen Zuglasten dieser „Westwall-Züge“ (über 1800 t) kamen zwei schwere 44er ab Rbf. Köln-Eifeltor zum Einsatz, die in der Regel im Bhf. Liblar eine längere Betriebspause (zum Wassernehmen, Abölen und so weiter) einlegten. Leider durften zu diesem Zeitpunkt die Euskirchener 44er nur bis Jünkerath fahren, da die Kyllbrücken nur für 16 t Achsdruck zugelassen waren. Die BR 44 hatte aber über 20 t Achsdruck. Erst ab dem 3. Juni 1943 war nach umfangreichen Ausbauarbeiten die gesamte Eifelstrecke Köln–Euskirchen–Ehrang–Trier durchgehend für die BR 44 befahrbar, allerdings waren die Euskirchener „Jumbos“ bereits an andere Bahnbetriebswerke abgegeben worden.

1939 und 1940 erhielten die BW Köln-Eifeltor und Euskirchen Neubau-Dampfloks in Form der BR 50, eine Lokbauart, die man bis zum Ende der Dampftraktion im Jahre 1975 auf der Eifelstrecke vor allen Zugarten erleben konnte. Zum Ausgleich wurden einige der alten G 10, BR 57 umbeheimatet. Im Krieg kam es zu weiteren Lokumsetzungen. Nach der BR 57 mußten nun auch einige Neubauloks der BR 50 nach Osten abgegeben werden. Den Ausgleich brachten schwere Kriegsdampfloks der BR 42, die bis zum Sommer 1945 in Euskirchen beheimatet waren.

Bereits im Juli 1946 hatte das BW Euskirchen

221 107-6, D 15 136, Anfahrt Bhf. Liblar, 22. April 1985

41 360 Öl M, SDZ nach Trier, Durchfahrt Bhf. Liblar, 24. April 1988

212 101-0 TB und 212 Müll-Gag, nach Mechernich/Eifel, Ausfahrt Liblar, 28. April 1988

215 037-3, D 2136, Norddeich-Trier, Ausfahrt Liblar, 1. Juni 1991, letzter D-Zug auf der Eifelbahn

795 240, Lissendorf/Eifel, 28. September 1991

215 048-0, bei Pelm, oben die Kasselburg, 24. Mai 1992

23 105 und 01 150, ex BW Trier M, Bhf. Euskirchen, 27. April 1996

wieder einen Bestand von zehn Loks der BR 50. Langsam normalisierte sich der Güterzugverkehr auf der Eifelstrecke wieder. Gut in Erinnerung sind auch noch die schweren Brikettzüge ab Liblar Rbf. nach Saarbrücken und Frankreich. In einigen Fällen gab es auch bemerkenswerte Leistungen im Güterverkehr. So wird über spanisches Obst berichtet, das im Frühjahr täglich im „Erdbeer-Zug" aus Südeuropa über die Eifelstrecke nach Köln geliefert wurde, sodaß mancher „den Erdbeerduft aus dem Fahrtwind spüren konnte, der hinter den Zügen herzog". Bekannt sind auch noch die schweren Durchgangsgüterzüge Dg 7824 (gemischter GZ) und Dg 5190. Der Dg 5190 hatte den interessantesten Laufweg. Er verließ Köln als Anschlußzug an den aus Kühlwagen gebildeten Durchgangs-Eilgüterzug aus Cuxhaven, dessen Ladung

DE 11, ex DB 240, HGK Gag 60 414, 1600 t, Bhf. Erftstadt, 30. Juli 1997

012 066-7, RE 23 255, Köln-Deutz–Trier, im Bhf. Euskirchen, Plandampf, kein Sonderzug, 9. September 1999 Sammlung Folkers

hauptsächlich aus frischen Seefischen bestand und der den Nordseebahnhof am Vorabend gegen 18.00 Uhr verlassen hatte. Nachdem die „Eifelwagen" dem Dg 5190 frühmorgens beigestellt worden waren, konnte dieser bereits die für Euskirchen bestimmte Sendung gegen 6.00 Uhr, also zu einer „marktgerechten" Zeit, am Zielbahnhof abliefern. – Eine beachtliche Leistung für eine knapp 500 km lange Reise. Bespannt war dieser Eilgüterzug ausschließlich mit der BR 41, Achsfolge 1'D'1, eine Schnellgüterzuglok vom BW Köln-Eifeltor.

Während der Elektrifizieruung der Moselstrecke im Jahre 1970 kamen erstmals seit 27 Jahren wieder Jumbos der BR 44 vom BW Ehrang vor schweren Durchgangs-Güterzügen (Dg) von Ehrang Rbf. nach Köln-Eifeltor über Euskirchen (Betriebshalt), Liblar und Köln zum Einsatz. Diese „Umleiter-Dg", Last bis zu 2000 t, waren immer mit zwei Dampfloks der BR 44 bespannt und erinnerten an die Zeit von 1939, als diese 180 t schweren Dampflok-Riesen erstmals auf der Eifelstrecke zum Einsatz kamen. Den Anblick werde ich nie vergessen, denn bei Einfahrt in den Bahnhofsbereich von Liblar öffneten die Lokführer den Regler, tiefschwarzer Qualm machte für kurze Zeit den Tag zur Nacht, die Auspuffschläge der Dreizylinder-44er knallten wie Kanonenschüsse in den Himmel, das Bahnhofsgebäude „erbebte" in seinen Grundmauern. Diese Eindrücke wird niemand schriftlich wiedergeben können, das muß man selbst erlebt haben. Nach der Elektrifizierung der Moselstrecke nahm der Güterverkehr auf der Eifelstrecke immer mehr ab. Die Zeit der schweren Dg war unwiderruflich vorbei. Letztmalig kam eine Kölner 50er vor einem Militärzug am 18. Juli 1975 über die Eifelstrecke nach Kall/Schleiden. Zuglok des Militärzuges (Dgm) war die Gremberger 050 190-8. Damit endete der planmäßige Dampflokbetrieb auf der Eifelstrecke. Bevor wir uns der Dieseltraktion zuwenden, schauen wir uns den Dampflokbestand der beiden Bahnbetriebswerke Köln-Eifeltor und Euskirchen an.

Bestand BR 50 BW Köln-Eifeltor

Erstmalig wurde die BR 50 ab Oktober 1939 50 202–50 211 in diesem BW beheimatet. In der Nachkriegszeit (ab Herbst 1948) waren bereits 36 Loks dieser Baureihe im festen Bestand des BW Köln-Eifeltor. Nachfolgend nun der Bestand vom 30. Mai 1965: 50 001, 50 051, 50 117, 50 143, 50 149, 50 198, 50 210, 50 226, 50 341, 50 374, 50 390, 50 783, 50 962, 50 988, 50 1039, 50 188, 50 1289, 50 1399, 50 1360, 50 1710, 50 1755, 50 1788, 50 1868, 50 1877, 50 2305, 50 2520, 50 2607, 50 2785, 50 2895 = 29 Loks BR 50

Dazu kam noch die Eilgüterzuglok BR 41 mit fol-

294 380-1, Bhf. Euskirchen, 11. September 1999

genden Lok-Nummern: 41 001, 41 010, 41 018, 41 019, 41 060, 41 101, 41 110, 41 135, 41 178, 41 245, 41 253, 41 292, 41 293 Neubaukessel, 41 301, 41 334, 41 336, 41 349, 41 352 = 18 Loks BR 41

Der Bestand am Ende der Dampflokzeit sah dann so aus: 050 001, 050 390, 051 039, 051 360, 051 460 Z, 051 530, 051 755, 051 778, 051 788, 052 289, 052 305, 052 607, 052 899, 052 918 = 14 Loks BR 50, die teilweise noch an andere BW abgegeben wurden, wie zum Beispiel Duisburg-Werdau und Gremberg. 1968 führte die DB Computer-Nummern für ihre Triebfahrzeuge ein, so auch für ihre Dampfloks. Aus 50 001 wurde dann 050 001-7, aus 50 1755 wurde 051 755-7, aus 50 2918 wurde 052 918-0, um nur einige Beispiele zu nennen.

Bestand BW Euskirchen

Erstzuteilung der fabrikneuen 50er ab Dezember 1940: 50 916, 50 917, 50 918, 50 919, 50 920 = 5 Loks BR 50

Nachkriegszeit: 50 103, 50 1383, 50 1778, 50 1962, 50 2066, 50 2778, 50 2906, 50 2916, 50 3053, 50 3153 = 10 Loks BR 50

Letzter Bestand der BR 50 im BW Euskirchen, kurz vor Aufgabe der Dampflokunterhaltung, die am 1. Juni 1966 an das BW Köln-Eifeltor abgegeben wurden. Das BW Euskirchen wurde noch nicht aufgegeben, weiterhin konnte man dort Dampfloks der BR 50 sehen, allerdings stand an den Führerhäusern der 50er jetzt BW Köln-Eifeltor, bis im Jahre 1975 das BW Euskirchen endgültig aufgelöst wurde. 50 103, 50 1778, 50 1789, 50 2918 waren die letzten vier Euskirchener Dampfloks der BR 50.

Euskirchen wurde zur Außenstelle des BW Köln-Nippes umgewandelt, nach dem Ende der Dampflokzeit sah man nun im ehemaligen Bahnbetriebswerk Triebwagen der BR VT 95 / VT 98 und Dieselloks der BR 215.

5519 CFL, ex DR, BR 422718 in Wasserbillig, schwere Kriegsdampflok, 14. September 1999

232 326-9, BH Oberhausen, im Bhf. Euskirchen, russische Großdiesellok der DB AG, 3000 PS, 11. September 1999

120 286, ex DR EBM, GZ im Bhf. Euskirchen, russische Großdiesellok „Taigatrommel", 2000 PS, 10. Mai 2002

Lokomotivbaureihen und Triebfahrzeuge, die auf der Eifelstrecke zum Einsatz kamen beziehungsweise noch im Einsatz sind:

A RHE / Preußische Staatsbahn

„Sphinx"	Bahn-Nr. 117	Baujahr 1865	Bauart B'1	RHE
„Flora"	Bahn-Nr. 408	Baujahr 1879	Bauart 2'B	RHE
„Sedan"	Bahn-Nr. 136	Baujahr 1871	Bauart 2'B	RHE
S 2			Bauart 2'Bn2v	
S 6	DR–BR 13.10–13.12		Bauart 2'Bh2	
S 10[1]	DR–BR 17.10–17.12		Bauart 2'Ch4v	
P 4	DR–BR 36		Bauart 2'Bn2v	
P 8	DR–BR 38.10–38.40		Bauart 2'Ch2	
P 10	DR–BR 39		Bauart 1'D'1h3	
G 7[1]	DR–BR 55.0–55.6		Bauart D'n2	
G 7[2]	DR–BR 55.7–55.13		Bauart D'n2v	
G 8	DR–BR 55.16–55.22		Bauart D'h2	
G 8[1]	DR–BR 55.25–55.56		Bauart D'h2	
G 9			Bauart B'Bn4v	RHE
G 10	DR–BR 57.10–57.35		Bauart E'h2	

B Preußische Tender-Dampflokomotiven

T 3	DR–BR 89.70–89.75	Bauart C'n2
T 9.1	DR–BR 90	Bauart C1'n2
T 12	DR–BR 74.4–74.13	Bauart 1'Cn2
T 14.1	DR–BR 93.5–93.12	Bauart 1'D'1h2
T 16.1	DR–BR 94.5–94.17	Bauart E'h2
T 18	DR–BR 78.0–78.5	Bauart 2'C'2h2

C Einheitslokomotiven der DR/DB

01	Bauart 2'C'1h2
03	Bauart 2'C'1h2
41	Bauart 1'D'1h2
42	Bauart 1'Eh2
44	Bauart 1'Eh3
50	Bauart 1'Eh2

D Diesellokomotiven und VT

V 100	Baureihen-Bezeichnung ab 1. Januar 1968:	211	1100 PS
V 100[1]		212	1350 PS
V 160		216	1900 PS
		215	2000 PS
		218	2800 PS
		225	2500 PS
V 200[1]		221	2 x 1350 PS
V 90		290	1100 PS
		294	1400 PS
VT 137			
VT 24	Baureihen-Bezeichnung ab 1. Januar 1968:	624	
VT 95		795	
VT 98		798	
ETA 150		515	
Köf I		321	
Köf III		323	
611 „Pendolino"			
612 mit Neigetechnik			
614 mit Neigetechnik und Luftfederung			
644 „Talent"			
628			

E Diesellokomotiven privater Eisenbahngesellschaften

203 ex DR 110	1500 PS	EBM
228 ex DR 118.2	2 x 1200 PS	EBM
120 ex DR 120	2000 PS	EBM russische Großdiesellok
DE 11–DE 13 ex DB 240	3600 PS	HGK

Was ist an herausragenden Güterzugleistungen geblieben?

Eine Zeitlang fuhren Müll-Ganzzüge (Gag) mit 2 x 212 oder als Zuglok eine 215, Vorspann leistete wieder eine 212. Angefangen hat der Müllverkehr von Porz-Heumar beziehungsweise Köln-Ehrenfeld nach Mechernich/Eifel. Lag die Grenzlast dieser Züge im Anfang bei 900 t, so waren es 1997 bereits 1600 t beziehungsweise 1800 t. Befördert wurden diese Züge nicht von der DB AG, sondern von der privaten HGK aus Brühl-Vochem, die für diese Züge die damals stärksten Dieselloks einsetzten. Die Leistung dieser modernen, diesel-elektrischen Loks DE 11–DE 13 liegt bei 3600 PS, das Gewicht beträgt 121 t. Es sind sechsachsige Dieselloks. Zum Vergleich: Die Diesellok der DB AG BR 215 leistet 2000 PS und hat ein Gewicht von 78 t. Die HGK setzte die DE 11–DE 13 vor dem Gag 60 410, Gewicht 1800 t, sowie vor dem Gag 60 414 mit 1600 t ein. 1999 endete der Einsatz der HGK-Loks auf der Eifelstrecke. Der Bericht über die Eifelstrecke wäre unvollständig, ohne auf die schweren Militärzüge von Belgien über Köln/Euskirchen nach Schleiden-Höddelbusch hinzuweisen, die hauptsächlich im Frühjahr und Herbst verkehrten. Diese Züge fuhren nach einem sogenannten Bedarfsplan im Sonderverkehr. Das Zuggewicht dieser Panzerzüge lag oft bei 2100 t, zwei Dieselloks der BR 215 zogen den Dgm (Durchgangs-Güterzug/Militär), eine Diesellok der BR 212 oder 215 schob nach. Doch auch die Dgm sind seit Herbst 2005 Geschichte.

Im Jahre 2002 kam eine andere, private Eisenbahngesellschaft auf der Eifelstrecke zum Einsatz. EBM Dieringhausen beförderte mit ehemaligen Reichsbahn-Dieselloks der ehemaligen DDR schwere Güterzüge. Somit kamen erstmals die BR 203 und 228 zum Einsatz, auch die Güterzüge wurden länger. 40 Wagen waren keine Seltenheit.

Herausragende Leistungen waren CB 58 166 von Montag bis Freitag nach Gremberg sowie CB 80 530 nach Kulmbach/Bayern, der allerdings nur mittwochs verkehrte und ausschließlich von der sechsachsigen 228 mit 2 x 1200 PS befördert wurde. Oder die ersten russischen Großdieselloks der BR 120 (erster Einsatz auf der Eifelstrecke 1996), auch diese gewaltigen sechsachsigen, 120 t schweren Dieselloks kamen bei EBM zum Einsatz. Im Jahre 2004 war auch diese Herrlichkeit vorbei, die DB AG war wieder „alleiniger Herrscher" auf ihrer Eifelstrecke. Güterzüge wurden eine Zeitlang mit der BR 225 gefahren, ehemals BR 215. DB-Cargo (heute Railion) setzte die BR 225 vor sämtlichen noch verbliebenen Güterzügen ein. Auch ein relativ schwerer Güterzug verkehrte wieder samstags nach Euskirchen, was schon seit Jahren nicht mehr der Fall war. Doch es war wieder nur eine „Scheinblüte", heute, im Jahre 2006 setzt Railon vor den wenigen noch verbliebenen Ng (Nahgüterzügen) die BR 294 beziehungsweise 295 ein, ehemalige BR 290. Die Bezeichnungen der Güterzüge haben sich auch wieder geändert. Statt CB (Cargo-Bedienung) lautet die Bezeichnung jetzt FZT (Freight Train – Zubringerfahrt). Wer jedoch glaubt, diese Züge seien sehr schwer oder weisen viele Wagen auf, irrt sich. Meistens sind es nicht mehr als zehn bis zwölf Güterwagen.

228 742-3, ex DR EBM, GZ nach Euskirchen, Ausfahrt Erftstadt, 20. April 2002

Natürlich fahren auch heute noch private Eisenbahnunternehmen über die Eifelstrecke von Köln nach Trier, fallweise handelt es sich dabei um Lok-Überführungen. Eins sollte man nicht vergessen: Die wirklich große Zeit der Eifelstrecke ist unwiderruflich vorbei, nicht nur im Güterzugverkehr. Auch wenn mal die russischen Großdieselloks der DB AG vor Sonderzügen zum Einsatz kommen (BR 232 mit 3000 PS).

644 005, RB nach Kall, Einfahrt Bhf. Erftstadt, 28. November 2002

VT 614 018 / VT 614 010-7, RE 12 nach Trier, Bhf. Erftstadt, Versuchseinsatz, 21. April 2004

225 091-8 TB, GZ nach Euskirchen, Ausfahrt Erftstadt, 2500 PS, 10. Juli 2004

Schlußbetrachtung

Langweilig ist die Eifelstrecke im Jahre 2006 ganz gewiß nicht. Die Zeiten sind nur moderner geworden, was auch an den heutigen, modernen Triebfahrzeugen deutlich zu erkennen ist. Und manchmal glaubt man sich zurückversetzt in die herrliche Zeit der Dampflokomotiven, bei den öfters verkehrenden Dampflok-Sonderzügen von Köln nach Trier.

Quellen: Deutsche Bahn AG; eigene Unterlagen und Manuskripte

Abkürzungen

RHE	Rheinische Eisenbahn
DR	Deutsche Reichsbahn
DB	Deutsche Bundesbahn
BR	Baureihe
VT	Verbrennungs-Triebwagen mit Dieselantrieb
DE	diesel-elektrisch / Lok-Baureihen-Bezeichnung
Bbf.	Betriebsbahnhof
BW	Bahnbetriebswerk
Bhf.	Bahnhof
Gag	Güterwagen-Ganzzug
HGK	Häfen und Güterverkehr Stadt Köln
BH	Betriebshof (früher BW), Einsatzstelle für Triebfahrzeuge

218 305-1, BH Trier, RE 12 nach Trier, Ausfahrt Erftstadt, 2800 PS, 17. Mai 2004

Die Triebfahrzeuge der Hohenzollerischen Landesbahn

von Stephan Kuchinke

Im Herzen von Baden-Württemberg finden sich die Strecken der Hohenzollerischen Landesbahn. Zur Erschließung der von den Nachbarstaaten eher vernachlässigten Gebiete der preußischen Provinz Hohenzollern entstand die Hohenzollerische Landesbahn. Die vier zunächst gebauten Stichstrecken wurden einige Jahre später zu einem zusammenhängenden Netz verbunden, das die Landesbahn bis heute betreibt. Durch die Liberalisierung des Schienenverkehrs konnte die Hohenzollerische Landesbahn zahlreiche neue Verkehrsgebiete erschließen und fährt mittlerweile auf Strecken der Deutschen Bahn und der Trossinger Eisenbahn. Für den Personen- und Güterverkehr steht der Landesbahn eine große Anzahl von Triebfahrzeugen zur Verfügung. Neben modernen Triebwagen finden sich auch zahlreiche Diesellokomotiven für den schweren Güterverkehr auf dem Stammnetz im Bestand.

Die Hohenzollerische Landesbahn

Die Hohenzollerische Landesbahn verdankt im Endeffekt ihre Existenz der deutschen Politik im Mittelalter. Die Burg Hohenzollern war der Stammsitz einer bedeutenden Adelsfamilie in Schwaben. Die Tatsache, dass der deutsche Kaiser bis zum Untergang des alten deutschen Reiches im Jahr 1802 vom Adel gewählt wurde und der Erfolg seiner Regentschaft auch von den oftmals eigenwilligen Familien abhängig war, führte zur Zergliederung des Reiches in zahlreiche kleine und kleinste Territorien. Durch die Loslösung vieler weltlicher wie geistlicher Herrschaften von größeren Fürsten versuchte der jeweilige Kaiser, die Adeligen und Klerikalen stärker an sich zu binden. Einmal abgesehen vom Föderalismus verdankt auch das Land Hohenzollern seine Existenz diesem Ränkespiel des Mittelalters.

Die ehemalige Lok 11 der HzL bei Neuffen mit dem Museumszug der GES; August 1998

Die Fürsten von Hohenzollern spalteten sich bald in zwei Linien. Während die eine dem Stammland treu blieb, zog die andere aus, um die Welt zu beherrschen – was schließlich 1918 endgültig misslang. Die ursprünglich fränkische Hohenzollern-Linie, denen übrigens die Nürnberger Bürger im 17. Jahrhundert kurzerhand die Rechte an der Burg in der Stadt abkauften, wurde wenig später zur Herrscher-Familie in Brandenburg, dass ab 1701 als Königreich Preußen zum Schwergewicht in Deutschland aufsteigen sollte. Erst 1849 gaben die schwäbischen Hohenzollern ihr Gebiet zugunsten der Preußen auf, da sich Probleme beim Aufbau eines modernen Staatswesens zeigten. Damit wurde der Landstrich auf der Schwäbischen Alb Teil Preußens. Dadurch unterlagen die Bahnbauten in Hohenzollern der preußischen Gesetzgebung, was auch zur ursprünglichen Namensgebung der Hohenzollerischen Landesbahn als Hohenzollerische Kleinbahngesellschaft führte.

Bis 1945 gehörte der Landstrich zu Preußen, mit der Auflösung des einstmals führenden deutschen Landes durch die Alliierten kam er zum neuen Land Württemberg-Hohenzollern, das die französisch besetzten Teile Württembergs und das gesamte Hohenzollern umfasste. Seit 1952, als der „Südweststaat" Baden-Württemberg nach zähem Ringen ins Leben gerufen wurde, liegt der Landstrich im Herzen des neuen Bundeslandes.

Der preußische Regierungsbezirk Sigmaringen stellte kein gänzlich geschlossenes Gebiet dar und hatte einige badische und württembergische Enklaven, aber auch einige Exklaven, umgeben von Württemberg und Baden. Die Vorraussetzungen für den Bau von Bahnstrecken in Hohenzollern waren entsprechend schlecht, da selbst für kurze Strecken drei verschiedene Rechtsordnungen beachtet werden mussten. Daher beschränkten sich die Staatsbahnen des Großherzogtums Baden und des Königreichs Württemberg auf den Bau von bedeutenden, durchgehenden Strecken. Während Baden kein Interesse an der Erschließung des Landstriches entwickelte, erreichte die erste Württembergische Strecke 1869 Hechingen am Fuße der Stammburg. Die Württemberger trieben die Bahnlinie in den folgenden Jahren weiter voran um über badisches Gebiet und das „preußische" Sigmaringen weiter nach Aulendorf an der Südbahn nach Friedrichshafen zu gelangen. Diese durchgehende Strecke wurde 1878 vervollständigt. Damit hatten die beiden wichtigsten Städte einen Anschluss an das Eisenbahnnetz, doch das Hinterland blieb unerschlossen. Bis 1892 waren die Aussichten auf den Eisenbahnbau im weitgehend ohne Industrie gebliebenen Regierungsbezirk nicht sonderlich gut. Die damalige Gesetzgebung stellte hohe Anforderungen an eine Bahnstrecke und den Betrieb, die für das hiesige Verkehrsaufkommen einfach zu groß waren. Erst das preußische Kleinbahngesetz aus dem Jahr 1892, das auch in Hohenzollern Gültigkeit besaß, veränderte die Lage.

Nachdem bereits die Westdeutsche Eisenbahn-Gesellschaft, hinter der im Wesentlichen die Stettiner Firma Lenz & Co. stand, erste Pläne für Bahnstrecken in Hohenzollern ausgearbeitet hatte und einige Gemeinden den Wunsch nach einem Anschluss an württembergische und badische Bahnstrecken vorgebracht hatten, entschloss sich der Kommunallandtag in Hohenzollern im Jahr 1898 zur Gründung einer Kleinbahngesellschaft, der Aktiengesellschaft Hohenzoller'sche Kleinbahngesellschaft.

Die Planungen sahen zunächst den Bau von vier Stichstrecken vor, die von Bahnhöfen der württembergischen Staatsbahn abzweigten und Hohenzollern erschließen sollten. So entstanden in den folgenden Jahren die Strecken Sigmaringendorf–Bingen (29. März 1900), Hechingen–Burladingen (18. März 1901), Eyach–Stetten (17. Juni 1901) und Kleinengstingen–Gammertingen (7. November 1901). Den Bau und auch zunächst den Betrieb übernahm die Westdeutsche Eisenbahn-Gesellschaft, die auch Anteilseigner der Aktiengesellschaft war.

Bis ins Jahr 1912 baute die Gesellschaft, seit 1907 unter dem Namen Hohenzollerische Landesbahn AG, Verbindungslinien zwischen den vier Strekken, sodass ein zusammenhängendes Streckennetz von 107 km Länge entstand, das die HzL auch heute noch betreibt. Während die Strecken von Eyach nach Hechingen, von Gammertingen nach Kleinengstingen und Hanfertal nach Sigmaringendorf nur noch dem Güterverkehr dienen, wird die Strecke Hechingen–Sigmaringen im Personenverkehr befahren. Daneben hat die HzL auf mehreren Strecken der DB den Personen- und Güterverkehr übernommen, darunter den zwischen Tübingen und Sigmaringen sowie die Strecken um Rottweil, dem Ringzug-Netz.

Die Betriebsführung lag bis 1929 in den Händen der Westdeutschen Eisenbahn-Gesellschaft, die dann in der Vereinigten Kleinbahnen AG aufging, die bis 1933 die Betriebsführung auf der HzL inne hatte. Seit 1933 führt die Hohenzollerische Landesbahn den Betrieb selbst.

Die Übernahme der Betriebsführung führte zu einer deutlichen Modernisierung. Die Landesbahn beschaffte die ersten Triebwagen für den Personenverkehr und erweiterte den Bestand an Dampflokomotiven. Die Entwicklung hin zu einer vollständigen Übernahme des Personenverkehrs durch Triebwagen unterbrach allerdings der Zweite Weltkrieg.

In den Fünfzigerjahren setzte die HzL den Modernisierungsprozess fort und setzte verstärkt auf Dieseltriebwagen. Während der Personenverkehr auf den Strecken Sigmaringendorf–Bingen (1968), Trochtelfingen–Kleinengstingen (1969), Gammertingen–Trochtelfingen (1972), Haigerloch–Eyach (1972) und Haigerloch–Hechingen (1972) mittlerweile eingestellt ist, betreibt die Gesellschaft alle Strecken weiterhin für den Güterverkehr und auch für Ausflugsfahrten. Die weiterhin mit Personenzügen befahrene Strecke von Hechingen über Gammertingen nach Sigmarigen ist modern ausgestattet und wurde durch Umbauten in Hechingen und Sigmarigen weiter aufgewertet. Die HzL hat die Strecke in Hechingen durch einen kurzen Neubau-Abschnitt in den DB-Bahnhof Hechingen eingeführt und den Landesbahnhof als Personenbahnhof aufgegeben. Die Reisenden können nun direkt umsteigen und ersparen sich den Weg zum tiefer gelegenen Landesbahnhof, der aber weiterhin dem Güterverkehr dient. In Sigmarigen hat die HzL den Landesbahnhof völlig aufgegeben und die Strecke direkt in den DB-Bahnhof eingefädelt. Auch hier können die Reisenden nun ohne Fußmarsch zwischen den beiden Bahnhöfen umsteigen. Zusätzlich ist es der Landesbahn gelungen, bei den Ausschreibungen der Zollern-Alb-Bahn zwischen Tübingen und Sigmarigen und beim Ringzug rund um Rottweil erfolgreiche Angebote abzugeben. Diese Verkehrsleistungen, hauptsächlich auf Strecken der Deutschen Bahn, werden seit einigen Jahren von der HzL auf Bestellung des Landes Baden-Württemberg gefahren. Die Hohenzollerische Landesbahn präsentiert sich heute als modernes Verkehrsunternehmen im Besitz des Landes Baden-Württemberg.

Die Dampflokomotiven der Landesbahn

Für die vier Stichstrecken beschaffte die Kleinbahn zunächst insgesamt acht zweiachsige Dampflokomotiven, von denen jeweils zwei einer Strecke zugeordnet wurden. Fünf dieser Bn2t-Lokomotiven kamen fabrikneu von Hohenzollern und erhielten die Bahnnummern 1d, 2d, 3d, 1c und 2c. Die beiden als 1c und 2c eingereihten Maschinen waren für die anspruchsvollerer Strecke Hechingen–Burladingen gedacht und daher etwas leistungsfähiger ausgeführt. Hinzu kamen noch drei weitere baugleiche Fahrzeuge von Hohenzollern, die zuvor bei der Rinteln-Stadthagener Eisenbahn, die ebenfalls von der WeEG betrieben wurde, im Einsatz waren. Mit diesem Lokbestand kam die HzL bis zur Eröffnung der Verbindungslinien aus. Später erhielten diese Lokomotiven die Nummern 1 bis 8.

Für den Betrieb auf den vier Stichstrecken bewährten sich die Lokomotiven der Lokfabrik Hohenzollern. Erst als stärkere Maschinen vorhanden waren, konnte die HzL langsam auf die Fahrzeuge verzichten. Als erste wurde die Lok 1, vormals 1d, im Jahr 1915 an die Rinteln-Stadthagener Eisenbahn abgegeben. Zwischen 1936 und 1939 gab die Gesellschaft fünf weitere Lokomotiven ab, eine wurde verschrottet, die restlichen verkauft, darunter die Lok 2 an die Württembergischen Nebenbahnen. Nach dem Zweiten Weltkrieg waren nur noch Lok 6 und Lok 7 im Bestand. Während die Lok 7 schon 1948 abgestellt wurde, war Lok 6 noch bis 1958 im Bestand, um danach bis 1964 als Heizwagen für die V 82 zu dienen.

Für den durchgehenden Betrieb beschaffte die Kleinbahn 1911 bei der Maschinenfabrik Esslingen zwei Dn2t-Lokomotiven als 11 und 12. Beide Maschinen wurden 1936 auf Heißdampf umgebaut und waren über lange Zeit die Betriebslokomotiven der HzL. Während die Lok 12 nach ihrer Abstellung 1964 als Schrott verkauft wurde, blieb die Lok 11 erhalten. Die Gesellschaft zur Erhaltung von Schienenfahrzeugen kaufte sie 1969, nachdem sie bis dahin im Einsatz war. Heute ist die Lok auf der Strecke Nürtingen –Neuffen der Württembergischen Eisenbahn-Gesellschaft im Museumsverkehr im Einsatz.

Unmittelbar vor dem Ersten Weltkrieg ergänzte die HzL ihren Triebfahrzeugpark noch um eine weitere „schwere" Dampflokomotive. Nach dem Vorbild zweier im Jahr 1911 für die Filderbahn bei Stuttgart gebauten Maschinen lieferte die Maschinenfabrik Esslingen eine Eh2t. Die Lokomotive wurde als 21 eingereiht und verkehrte bis 1962.

Mit diesem Bestand an Dampflokomotiven konnte die HzL in den Jahren 1914 bis 1929 den Verkehr abwickeln. Neben dem Personenverkehr, der Domäne der kleinen Zweikuppler, besorgten die drei größeren Maschinen den Güterverkehr. Dieser konzentrierte sich neben landwirtschaftlichen Gütern hauptsächlich auf das Fürstlich Hohenzollerische Werk in Laucherthal am Streckenast Sigmaringerdorf–Bingen und das Salzbergwerk in Stetten an der Eyacher Strecke. Das Salzbergwerk, seit Anfang der Zwanzigerjahre zu Wacker-Chemie in München gehörend, ist seit 1927 der größte Güterverkehrskunde der Landesbahn.

Im Jahr 1929 musste die HzL ihren Lokomotivpark durch eine gebrauchte und eine neue Maschine ergänzen. Zum einen hatte der Verkehr nach der überwundenen Inflation deutlich zugenommen, andererseits genügten die alten B-Kuppler nicht mehr den gestiegenen Ansprüchen. Von der Filderbahn konnte eine mit der Lok 21 baugleiche Lokomotive beschafft und als 22 eingereiht werden. Als Neubau kam eine ELNA 2 von Hohenzollern als 141 zur Landesbahn.

Die Filderbahn-Lok konnte wie die 21 im schweren Verkehr eingesetzt werden und gehörte bis 1960 zum Bestand. Die ELNA stammt aus einer Reihe von für Privatbahnen entwickelten Maschinen, die nach den Erfahrungen des Ersten Weltkrieges im Lokomotiv-Normenausschuss entstand. Diese Reihe umfasste sechs Bauarten, jeweils drei mit 12 t und 14 t Achsdruck. Die 141 der Landesbahn gehört zur 12-t-Reihe. Gebaut wurden lediglich die Bauarten 2 (1'C; 12 t), 3 (D, 12 t), 5 (1'C, 14 t) und 6 (D, 14 t) in größeren Stückzahlen. Die 141 der HzL war bis 1964 im Einsatz.

In den Jahren 1937 und 1938 erweiterte die Landesbahn ihren Lokomotivbestand um zwei von der Reichsbahn über die Firma Orenstein & Koppel erworbene Maschinen. Zu diesem Zeitpunkt nahm der Verkehr aufgrund des Wirtschaftsaufschwungs durch die Forcierung der Rüstung im Dritten Reich stetig zu. Hinzu kam noch die Einrichtung einer Munitionsanstalt der Luftwaffe in der Nähe des Bahnhofes Haidkapelle an der Strecke Gammertingen–Kleinengstingen.

Die erste dieser beiden Lokomotiven stammte ursprünglich von der Badischen Staatsbahn aus der Gattung Xb. Diese für Rangieraufgaben ab 1907 gebauten Maschinen mit der Achsfolge Dn2t reihte die Reichsbahn als 92^2 ein. Die neue Lok 14 der HzL war 1914 von der Maschinenbau-Gesellschaft Karlsruhe unter der Fabriknummer 1920 gebaut und von der Badischen Staatsbahn als 133 eingereiht. Nach der Übernahme durch die DR erhielt sie die Betriebsnummer 92 242. Die Lok gehörte zu den ersten ihrer Baureihe, auf die die Reichsbahn verzichtete. Von den insgesamt 98 gebauten Maschinen gingen nach dem Ersten Weltkrieg zwei an Frankreich und sechs an

Die ehemalige Lok 16 der Hohenzollerischen Landesbahn gehört heute der Gesellschaft zur Erhaltung von Schienenfahrzeugen und verkehrt zwischen Nürtingen und Neuffen; August 1998 bei Nürtingen

Belgien, die restlichen 90 in den Bestand der Reichsbahn. Nach dem Zweiten Weltkrieg waren noch 74 Maschinen bei der DB und zwei bei der Reichsbahn der DDR im Bestand. Die HzL setzte ihre Lok 14 bis 1958 ein.

Die zweite, im Jahr 1938 gebraucht erworbene Lok – ebenfalls über einen Händler, nun Klöckner – stammte ebenfalls ursprünglich von der Badischen Staatsbahn. Die als 142 direkt nach der ELNA eingereihte Maschine war eine badische VIb, Reichsbahnbaureihe 75[1]. Die für den schnellen Verkehr auf kurzen Strecken konzipierte Lok gehörte zu den ersten deutschen 1'C1'-Tenderlokomotiven. Die Badische Staatsbahn ließ zwischen 1900 und 1908 in neun Serien 131 Maschinen von Maffei (erste Serie mit 15 Lokomotiven) und der Maschinenbau-Gesellschaft Karlsruhe bauen. Die Reichsbahn übernahm nach Abgabe an die Siegermächte des Ersten Weltkrieges davon noch 122 Maschinen, ließ aber 1921 und 1923 in Karlsruhe noch weitere 42 nachbauen.

Die von der HzL übernommene Lok stammt aus der dritten Serie von 1902 und trug bei der Badischen Staatsbahn die Betriebsnummer 106. Die Deutsche Reichsbahn gab der unter der Fabriknummer 1627 in Karlsruhe gebauten Maschine die Betriebnummer 75 154. Die Ausmusterung dieser Baureihe begann bereits 1933, jedoch übernahm die DB noch 117 Lokomotiven. Die 142 der Landesbahn war bis 1958 im Bestand, etwa zur gleichen Zeit stellte auch die Bundesbahn ihre letzten Lokomotiven dieser Gattung ab.

Die leistungsfähigste Dampflokomotive ließ die Landesbahn schließlich 1940 von der Maschinenfabrik Esslingen bauen. Die große 1'D1'h2t war die letzte neu beschaffte Dampflok der HzL. Als Besonderheit besaß die HzL Lok 15 eine Ventilsteuerung. Statt des Kolbenschiebers hatten die beiden Zylinder Ein- und Ausströmventile, die von einer Nokkenstange betätigt wurden. Die äußere (d. h. von außen sichtbare) Steuerung entsprach der in Deutschland üblichen Bauart nach Heusinger. Die 15 der HzL war bis 1964 mit der Ventilsteuerung im Einsatz. Allerdings konnte sich diese Steuerungsbauart nicht allgemein durchsetzen, da der Wartungsaufwand sehr hoch war und in keinem Verhältnis zu den Einsparungen an Brennstoff stand. Auch bei der Landesbahn stand die Lok häufig in der Werkstatt.

Nach dem Zweiten Weltkrieg übernahm die Landesbahn ihre letzte Dampflok von der Deutschen Bundesbahn. Die als 16 der HzL eingereihte Maschine hatte damals schon eine bewegte Geschichte hinter sich gebracht und sollte 1970 auch die letzte Dampflok der Landesbahn sein. Die im Jahr 1928 von der AEG, die erst wenige Jahre zuvor in den Bau von Dampflokomotiven eingestiegen war, gebaute Lok war zusammen mit einer Schwesterlok für die Kreis Oldenburger Eisenbahn bestellt worden. Diese Privatbahn betrieb die Strecke von Neustadt/Holstein nach Heiligenhafen, den Abzweig nach Großenbroder Fähre und eine Bahnlinie auf Fehmarn. Die kleinen, bullig wirkenden Dh2t-Lokomotiven wurden von der KOE als 10 und 11 eingereiht. Da die Reichsbahn bereits vor dem Zweiten Weltkrieg den Bau der später als Vogelfluglinie bekannt gewordenen Verbindung über Fehmarn nach Dänemark in Angriff nehmen wollte, wurde die KOE, deren Strecken für die neue Verbindung notwendig waren, im Jahr 1941 verstaatlicht. Die beiden AEG-Lokomotiven kamen nun als 92 441 und 92 442 in den Bestand der Reichsbahn. Während die ehemalige KOE 10 nach dem Krieg bei der DR bis 1966 in Dienst stand, trennte sich die DB von ihrer KOE-Maschine im Jahr 1949 und verkaufte sie an die Landesbahn, wo sie die Betriebsnummer 16 erhielt. Die neue, gebrauchte Lok stand bei der HzL bis 1970 im Einsatz und absolvierte die letzte Fahrt einer Dampflok der Landesbahn am 24. Mai 1970. Ein Jahr später erwarb die Gesellschaft zur Erhaltung von Schienenfahrzeugen die Lok, sodass neben der 11 nun auch eine zweite Dampflok der Landesbahn erhalten blieb. Die 16 gehört heute zusammen mit der 11 zu den beiden Lokomotiven des Sofazügles der Strecke Nürtingen–Neuffen, die im Sommer einmal im Monat von den Dampfzügen befahren wird.

Die Diesellokomotiven der HzL

Nachdem die Landesbahn bereits 1934 den ersten Triebwagen beschafft hatte, kam die erste Diesellok im Jahr 1957 zur HzL. Die Gesellschaft kaufte zwei Maschinen ähnlicher Leistung bei zwei Herstellern. Sowohl die Maschinenfabrik Esslingen als auch die Maschinenbau Kiel lieferten eine vierachsige Lok ab. Die als V 81 eingeordnete Esslinger Lok blieb ein Einzelstück, sowohl bei der HzL als auch beim Hersteller. Die MaK-Lok V 82 stammte aus einem Baukasten der Kieler Lokfabrik und entsprach der Bauart 850D mit einer Motorleistung von 850 PS, die auch an andere Bahnen geliefert wurde. Zwischen 1957 und 1966 entstanden 31 Lokomotiven dieser Bauart, von denen drei zu deutschen Privatbahnen gelangten. Die beiden Maschinen übernahmen hauptsächlich den schweren Güterverkehr von den Dampflokomotiven, konnten diese aber noch nicht vollständig ersetzen. Während die V 81 (Esslingen) noch immer zum Bestand der Landesbahn zählt, wurde die V 82 Ende der Siebzigerjahre abgegeben, nachdem neue Lokomotiven sie überflüssig gemacht hatten. Die Lok kam als V 83 zur Württembergischen Nebenbahn AG und fuhr auf der Strecke Korntal–Weissach. Bereits nach vier Jahren verkaufte sie die Gesellschaft nach Italien weiter.

Im Jahr 1963 erweiterte die HzL ihren Lokomotivpark durch eine weitere vierachsige Steifrahmenlok von MaK. Sie entsprach in ihrem Erscheinungsbild der V 82, hatte aber eine Leistung von 1200 PS. Die Lok stammte aus der Reihe 1200D, der leistungsstärksten Standardlok mit Kuppelstangen des Kieler Herstellers. Von dieser Bauart – die HzL reihte ihre Maschine als V 121 ein – baute die MaK insgesamt zwölf Stück ausschließlich für Privatbahnen in Deutschland. Die Lok war bis 1993 für die Landesbahn im Einsatz, ehe sie nach einem schweren Motorschaden abgestellt werden musste. Da sich eine Reparatur nicht mehr lohnte, verkaufte die HzL die Lok an die Osthannoverische Eisenbahn als Ersatzteilspender.

Neben den auch derzeit im Bestand befindlichen Lokomotiven setzte die Landesbahn zwischen 1973 und 1978 eine von Gmeinder und Siemens gebaute dieselelektrische Maschine ein, die ursprünglich von der SWEG bestellt worden war. Die SWEG befindet sich ebenso wie die HzL im Besitz des Landes Baden-Württemberg. Da sich die Lok wesentlich von den HzL-Fahrzeugen unterschied, den Anforderungen der Landesbahn nicht entsprach und nicht zuverlässig war, gab man sie schließlich an die SWEG zurück, als die beiden neuen Maschinen von Krauss-Maffei eingetroffen waren. Noch heute sehen die Verantwortlichen der HzL in der Übernahme der V 126 eine Zäsur ihres Modernisierungsprogrammes, das durch die mehr oder weniger gezwungene Übernahme der Lok unterbrochen und erst einige Jahre später mit den Lokomotiven V 118 und V 119 fortgesetzt wurde.

Zum aktuellen Bestand an Diesellokomotiven gehören zwei von MaK gebaute Maschinen der Bauart G 1300 BB (Baujahre 1964 und 1969), die die Landesbahn fabrikneu erworben hat. Während die ältere V 122 noch im Ursprungszustand vorhanden ist, wurde die V 124 von Gmeinder aufwändig umgebaut und steht seit Mitte 2005 wieder im Einsatz.

Aus dem Jahr 1978 stammen die beiden 1170-PS-Lokomotiven von Krauss-Maffei (V 118 und V 119), die miteinander in Vielfachsteuerung fahren können. Im Jahre 1985 bekam die Landesbahn von Kaelble Gmeinder zwei weitere Lokomotiven (V 150 und V 151), die mit Vielfach- und Funkfernsteuerung und einer Motorleistung von 1550 PS universell eingesetzt werden können. Die zwei Maschinen wurden 1993 durch eine dritte baugleiche ergänzt, die die Nummer V 152 trägt. Die Hohenzollerische Landesbahn verfügt derzeit über sieben Streckenlokomotiven mit Leistungen zwischen 1170 PS und 1550 PS sowie eine Rangierlok mit 355 PS. Die noch vorhandenen Stangenlokomotiven V 23, V 25 und V 81 sind abgestellt. Derzeit sind die HzL-Diesellokomotiven in einem effektiven Umlaufplan im Einsatz. So können drei Maschinen den Salzverkehr und die Leistungen auf den Strecken Ulm–Sigmaringen und Tübingen–Plochingen abwickeln.

V 23 und V 25 von MaK

Die beiden zweiachsigen Lokomotiven aus dem MaK-Standardbaukasten der ersten Generation kamen gebraucht zur Landesbahn. Beide haben eine Motorleistung von 240 PS und ein hydraulisches Getriebe. Die MaK bot die Bauart 240B zum ersten Mal im Jahr 1954 an und baute bis 1967 insgesamt 55 Lokomotiven, die ausschließlich von Werksbahnen bestellt wurden. Die Hohenzollerische Landesbahn besitzt mit den beiden als V 23 und V 25 eingereihten Fahrzeugen beide Bauarten. Während die 240B zunächst mit einem Aufbau ähnlich den größeren Standardlokomotiven gefertigt wurden, kam ab 1958 eine neue Konstruktion des Führerstandes zur Ablieferung. Die alte Bauart besaß Führerstandstüren zum Umlauf, die sich im Ragiereinsatz, bei dem der Lokführer die Lok recht häufig verlassen musste, um Weichen zu bedienen, als unpraktisch erwiesen hatten. Daher entschloss sich die MaK, die Anordnung der Türen zu überarbeiten. Der neue Führerstand konnte nun vom Lokführer an der Seite direkt neben dem Gleis verlassen werden. Diese Ausführung wurde auch auf die dreiachsige Bauart 240C übernommen. Nach der Überarbeitung waren die Lokomotiven kaum mehr als 240B zu erkennen, obwohl sich der technische Aufbau nicht verändert hatte.

Die Landesbahn kaufte die V 23 im Jahr 1967 von der Krefelder Eisenbahn. Diese Lok des Baujahres 1958 entspricht der neueren Ausführung des Führer-

Die V 23 gehört zur Bauart 240 B der MaK. Sie stammt von der Krefelder Eisenbahn und war für den Rangierbetrieb in Stetten und Gammertingen vorgesehen. Die Lok ist mittlerweile abgestellt; 25. März 1985 in Gammertingen

Foto: Günther Barths

Die V 25 stammt als 240 B ebenfalls aus dem MaK-Baukasten und entspricht der älteren Bauart. Beide Lokomotiven hatten das gleiche Einsatzgebiet. Die V 25 stammt von der Werksbahn der Bayer AG; 3. April 1978 in Gammertingen

Foto: K. H. Sprich; ILA Barths

Die 1985 gebaute V 34 von Kaelble Gmeinder versieht heute den Rangierdienst in Stetten; 30. Juni 1986 in Stetten-Saline

Foto: Thomas Allgaier, ILA Barths

Die in Esslingen gebaute V 81 der Landesbahn blieb die einzige Lok dieser Bauart der Maschinenfabrik Esslingen. Die erste Diesellok der HzL ist heute abgestellt; 2. Juni 1977 in Gammertingen

Foto: K. H. Sprich, ILA Barths

Die Maschinenfabrik Esslingen konnte nur eine Lok der Bauart „Alb" verkaufen, die V 81 der Hohenzollerischen Landesbahn war auch die einzige Lok der ME, die von einer Privatbahn geordert wurde; 2. März 1979 in Gammertingen

Foto: K. H. Sprich, ILA Barths

Die V 82 der Hohenzollerischen Landesbahn gehörte zur Bauart 850 D der MaK. Die Lok kam 1983 zur WEG und schließlich nach Italien; 2. Juni 1977 in Gammertingen

Foto: K. H. Sprich, ILA Barths

standes. Die V 25 der HzL stammt von der Werkbahn des Bayer-Werkes in Leverkusen und stammt aus der ersten Serie der Bauart 240B von 1954. Sie ist am alten Führerhaus zu erkennen. Beide Maschinen sind noch im Bestand der Landesbahn, aber bereits seit einiger Zeit abgestellt. Die Landesbahn denkt derzeit über den Verkauf nach.

V 35 von Kaelble Gmeinder

Die V 35 wurde 1985 von Kaelble Gmeinder gebaut und wird von der Landesbahn im Rangierverkehr in Stetten eingesetzt. Die Lok besitzt eine Funkfernsteuerung, die den Rangierverkehr wesentlich erleichtert. Mit 355 PS Leistung kann der kleine Zweiachser die Aufgaben beim Verschieben der Schüttgutwagen für den Salzverkehr gut bewältigen. Die Lok ist dauerhaft in Stetten stationiert.

Die Firma Gmeinder in Mosbach baute 1919 die ersten Motorlokomotiven für Feldbahnen. Vor dem Zweiten Weltkrieg entstanden in den Werkshallen vor allem kleine Diesellokomotiven für die Reichsbahn und Feldbahnen. Erst nach dem Krieg entwickelte Gmeinder eigene Streckenloks. Seit 1976 unter Carl Kaelble Gmeinder GmbH firmierend machte sich das Unternehmen auch mit speziellen Konstruktionen einen Namen.

Die V 34 der HzL gehört zu den ersten D25B, die Gmeinder (seit 1997 wieder als Gmeinder Lokomotiv- und Maschinenfabrik) bis heute anbietet. Die Lok der Landesbahn besitzt einen Daimler-Benz-Motor, während die Maschinen heute mit Deutz-Motoren gebaut werden. Das hydraulische Getriebe stammt von Voith.

V 81 von der Maschinenfabrik Esslingen

Im Jahr 1957 beschaffte die Hohenzollerische Landesbahn die ersten Diesellokomotiven, um auch im Güterverkehr die Dampflokomotiven ablösen zu können. Um den Hersteller für die ersten beiden Lokomotiven zu finden, ließ sich die HzL auf ihrem Streckennetz von mehreren Anbietern Fahrzeuge vorführen. Die Maschinenfabrik Esslingen stellte der Gesellschaft zwei für Israel bestimmte, auf der V 60 der DB basierende, Maschinen vor. Daraufhin bestellte die Gesellschaft eine vierachsige Lok mit Stangenantrieb und 950 PS Motorleistung der Bauart „Alb". Sie blieb ein Einzelstück, vielleicht auch, weil sich schon bald abzeichnete, dass die ME den Lokbau einstellen würde. Auch hat die Maschinenfabrik Esslingen mit Ausnahme einiger V 100 für die DB keine weitere vierachsige Diesellok mehr gebaut.

Die V 81 gliedert sich in das Fahrwerk mit vier Achsen, von denen jeweils zwei zu einem Beugniot-Gestell zusammengefasst sind, und einen klassischen Aufbau mit Mittelführerstand. Der Motor ist mit dem Kühler in einem Vorbau untergebracht und überträgt seine Leistung über ein hydraulisches Getriebe unter dem Führerstandboden auf die Blindwelle in der Mitte des Fahrwerkes, die wiederum mittels Kuppelstangen mit den Radsätzen verbunden ist. Der zweite Vorbau beherbergt den Heizkessel für die Zugheizung. Damit konnte die V 81, im Gegensatz zur zeitgleich beschafften V 82, auch freizügig im Personenverkehr eingesetzt werden.

Zusammen mit der V 82 von MaK übernahm die V 81 zunächst den schweren Güterverkehr, während der Personenverkehr hauptsächlich mit Triebwagen

V 81 und V 82: Die beiden ersten Diesellokomotiven der Hohenzollerischen Landesbahn vor einem Salzzug bei Killer. Bei den älteren Maschinen musste jede Lok mit einem Lokführer besetzt sein; 2. Juni 1977 Foto: K. H. Sprich; ILA Barths

V 118: Die beiden Krauss-Maffei-Lokomotiven sind bei der Landesbahn im schweren Güterverkehr eingesetzt; 2. März 1979 in Sigmaringen Foto: K. H. Sprich, ILA Barths

abgewickelt wurde. Neben den im Laufe der Zeit beschafften Diesellokomotiven bleib die V 81 bis 1996 im Betrieb. Mittlerweile ist sie nicht betriebsfähig abgestellt.

V 118 und V 119 von Krauss-Maffei

Die beiden baugleichen Lokomotiven baute im Jahr 1978 Krauss-Maffei in München, sie stammen aus der Standardbaureihe der Münchener Lokomotivfabrik als Bauart M 1200 BB. Die 1170 PS starken Maschinen waren die ersten Neubeschaffungen der Landesbahn seit zehn Jahren. Sie entsprachen in ihrer Technik den beiden MaK-Lokomotiven und stellten die Eisenbahner in der Werkstatt nicht mehr vor das Problem einer elektrischen Kraftübertragung, wie die bald an die SWEG abgegebene V 126. Zur Rationalisierung des schweren Salzverkehrs trug die Tatsache bei, dass die beiden Maschinen zusammen in Doppeltraktion verkehren konnten und damit ein Lokführer eingespart werden konnte.

Durch die V 118 und die V 119 konnte die HzL ihr lange geplantes Modernisierungskonzept endlich in die Tat umsetzen. Es wurde durch die Zuweisung der V 126, die den Anforderungen der Landesbahn nicht entsprach und zahlreiche Mängel aufwies, unterbrochen, obwohl bereits um 1973 über den Kauf zweier neuer Lokomotiven nachgedacht worden war. Die beiden Krauss-Maffei-Lokomotiven stammen aus einem Standardprogramm des Herstellers aus München, der sich damals bereits wesentlich mehr auf die Herstellung von Kunststoff-Spritzguss-Maschinen, Zentrifugen und Wehrtechnik konzentrierte. Dieses Standard-Angebot, das sich vor allem an Industriebahnen richtete, umfasste mehrere drei- und vierachsige Bauarten sowohl mit hydraulischer als auch elektrischer Kraftübertragung. Die Motoren der beiden HzL-Lokomotiven stammen von MTU, das hydraulische Getriebe von Voith. Der Lokomotivbau, als ältester Zweig der beiden Ursprungsfirmen Krauss und Maffei, gehört heute nicht mehr zu den Geschäftsfeldern von Krauss-Maffei.

Die Hohenzollerische Landesbahn setzt die beiden Lokomotiven, die erst im Sommer 2005 eine Hauptuntersuchung erhalten haben, weiterhin im Güterverkehr ein.

V 122 von MaK

Mit der V 122 besitzt die HzL noch eine originale G 1300 BB von MaK. Die zweite Lok dieser Bauart, die V 124, wurde vor kurzem einem kompletten Umbau unterzogen, der faktisch nur das Fahrgestell übrigließ.

Die MaK hatte in den späten Fünfzigerjahren für die DB eine Streckendiesellok mit einer Motorleistung von 1100 PS entwickelt. Da die DB schnelllaufende Dieselmotoren bevorzugte, konnte die Kieler Lokfabrik nicht die volle mögliche Wertschöpfung an der V 100 erreichen. Bei Aufträgen von Privat- und Industriebahnen bevorzugte man langsamlaufende Motoren, die die MaK ebenfalls im Programm hatte – ein Erbstück der Vorkriegszeit, in der das Kieler Werk hauptsächlich im Bereich Schiffbau aktiv war. Um die Grundkonstruktion der V 100 mit möglichst wenig zugekauften Teilen auch anderen Kunden anbieten zu können, entwickelte die Lokfabrik auf Basis des Fahrwerkes und der Kraftübertragung mit einem Motor aus eigener Fertigung die Bauart G 1300 BB. Während das Fahrgestell mit der Vorlage identisch war, unterschied sich die maschinelle Ausstattung und der Aufbau der neuen Maschine grundlegend. Der Rahmen trägt einen MaK-Dieselmotor mit 1300 PS Leistung bei 900 1/min. Das hydraulische Getriebe musste mit einem veränderten Hochgang (eine me-

Aus dem Standardprogramm von Krauss-Maffei stammt die V 118 der Hohenzollerischen Landesbahn. Mit diesen beiden Lokomotiven konnte die Landesbahn den Güterverkehr wirtschaftlicher gestalten; 18. September 1978 in Gammertingen

Foto: K. H. Sprich, ILA Barths

V 122 und V 124: Die beiden MaK-G 1300 BB der Landesbahn waren im Güterverkehr eingesetzt. Lediglich die ältere V 122 ist noch in der ursprünglichen Form vorhanden; 19. Mai 1979

Foto: Detlef Braun, ILA Barths

Die G 1300 BB entsprach im Fahrwerk weitgehend der Baureihe V 100 der Deutschen Bundesbahn. Der Aufbau war allerdings dem verwendeten Dieselmotor angepaßt. Die V 124 ist heute vollständig umgebaut; 25. März 1985 in Gammertingen

Foto: Günther Barths

chanische Getriebestufe zwischen Motor und eigentlichem hydraulischen Getriebe) ausgerüstet werden. Durch die Modifikation der Antriebsanlage konnte die Zugkraft gegenüber der V 100 gesteigert werden, aber die Höchstgeschwindigkeit sank auf 80 km/h. Wahlweise konnte die Lok auch mit einem Heizkessel ausgerüstet werden. Der Aufbau unterscheidet sich wesentlich von der V 100. Durch den neuen Motor, der um einiges länger als der schnelllaufende der Ausgangskonstruktion war, musste der Führerstand weiter aus der Mitte verschoben werden. Das Erscheinungsbild der Lok entsprach dem Üblichen der MaK.

Insgesamt konnte die Lokfabrik nur zehn Maschinen verkaufen, davon erwarb die Hohenzollerische Landesbahn in den Jahren 1964 und 1969 jeweils eine Lok für den schweren Güterverkehr.

Die ältere V 122 ist noch vorhanden und dient derzeit hauptsächlich als Reserve.

Die neue MaK-Gmeinder V 124

Die originale V 124 war ebenso wie die V 122 eine G 1300 BB von MaK. Da die Lokomotiven als älteste im Bestand der Landesbahn den neuen Anforderungen durch den ausgeweiteten Verkehr, der neben dem Stammnetz mittlerweile auch die Strecken im Bereich Neckar-Alb–Oberschwaben umfasst, nicht mehr gewachsen waren und neben den fünf modernen Lokomotiven eine weitere benötigt wurde, entschloss sich die Landesbahn, die V 124 grundlegend umbauen zu lassen. Die Aufgabe der Modernisierung übernahm die Gmeinder Lokomotivfabrik in Mosbach.

Von der MaK-Lok blieb lediglich das Fahrwerk und das hydraulische Getriebe übrig, während der Motor und die Aufbauten völlig neu gebaut wurden. Statt des langsamlaufenden Dieselmotors mit 1300 PS besitzt die V 124 nun einen MTU-Motor mit 1550 PS und einen neuen Kühler. Das Erscheinungsbild der Lok entspricht nun nahezu den von Kaelble Gmeinder gebauten V 150 bis V 152 der Landesbahn, mit denen sie auch in Vielfachsteuerung gemeinsam eingesetzt werden kann.

Nach einigen Problemen bei der Zulassung der im Sommer 2004 fertig gestellten neuen Lok kann die V 124 nun seit Mitte 2005 im umfangreichen Güterverkehr der Landesbahn eingesetzt werden.

V 150 bis V 152 von Kaelble Gmeinder

Die stärksten Lokomotiven im Bestand der Hohenzollerischen Landesbahn stammen aus der kleinen Lokomotivfabrik Gmeinder in Mosbach. Der Hersteller von

Die neue V 124 der Hohenzollerischen Landesbahn hat optisch nicht mehr viele Ähnlichkeiten mit der alten V 124. Von der MaK-Lok ist das Fahrwerk übrig geblieben, Aufbauten und Motor sind neu. Die Maschine wurde bei Gmeinder in Mosbach umgebaut

Foto: Frank von Meissner

Die wenig geliebte V 126 stammte von Kaelble Gmeinder, der elektrische Teil von Siemens. Die dieselelektrische Lok wurde ursprünglich von der SWEG bestellt, aber an die HzL ausgeliefert. Die Landesbahn gab die Maschine nach der Beschaffung der Krauss-Maffei-Lokomotiven 1978 an die SWEG ab; 31. Juli 1975 in Gammertingen

Foto: K. H. Sprich, ILA Barths

Die von Kaelble Gmeinder gebauten Lokomotiven sind die stärksten Zugpferde im Bestand der Landesbahn. Die V 151 ist am 30. Juni 1986 mit einem Güterzug im Landesbahnhof von Hechingen angekommen

Foto: Thomas Allgaier, ILA Barths

V 150 und V 151: Die schweren Salzzüge brauchen zwischen Stetten und Gammertingen Doppeltraktion, auf der Burladinger Steige meist auch noch Schiebelokomotiven; 14. April 1987

Foto: Martin Raddatz, ILA Barths

maßgeschneiderten Maschinen für Privatbahnen konnte sich auf einem schwierigen Markt be-haupten und entwickelte auch eine Standardreihe, der auch die drei Lokomotiven der Landesbahn entsprechen. Da die Effekte, die die HzL mit den neuen Krauss-Maffei-Lokomotiven erzielen konnte, sehr hoch waren, wollten die Verantwortlichen Anfang der Achtzigerjahre ein weiteres Lokpärchen beschaffen. Die Wahl fiel auf das Angebot von Gmeinder, damals mit dem heute nicht mehr existierenden Unternehmen Kaelble verbunden. Im Jahr 1985 lieferte Kealble Gmeinder die ersten beiden Lokomotiven als V 150 und V 151 ab. Die 1550 PS starken Maschinen mit hydraulischer Kraftübertragung hatten nun ein wesentlich moderneres Erscheinungsbild als die älteren Fahrzeuge. Nun war es möglich, schwerere Salzzüge über die Steigungen im Stammnetz zu befördern.

Die Lokfabrik Carl Kaelble Gmeinder stellte 1984 eine neue Bauart von vierachsigen Drehgestell-Diesellokomotiven vor. Die stärkere Bauart D 100 BB sollte mit einem MTU-Motor und Voith-Getriebe ausgerüstet werden. Die beiden ersten bestellten Lokomotiven dieser Bauart gingen an die Hohenzollerische Landesbahn mit Vielfachsteuerung für die schweren Salzzüge. Weitere Maschinen dieser Bauart lieferte Kaelble Gmeinder an die Verkehrsbetriebe Peine-Salzgitter und die Rheinbraun AG.

Besonders als die Landesbahn 1991 die Salzzüge nicht nur bis Mengen wie seit Anfang der Siebzigerjahre, sondern bis Ulm bespannte, machte sich der Mangel an leistungsfähigen Lokomotiven bemerkbar. Die sechs vorhandenen Drehgestell-Lokomotiven reichten nicht mehr aus, sodass sich die Landesbahn gezwungen sah, den Fahrzeugbestand durch eine neue Lok zu erweitern. Die Idee, eine ältere Lok einem groß angelegten Umbau zu unterziehen, wurde früh verworfen, sodass man eine weitere Gmeinder-Lok bestellte. Die neue V 152 kam 1993 zur Landesbahn und reihte sich nahtlos in den Bestand ein. Alle drei Lokomotiven sind heute der Kern des Einsatzbestandes.

Die Triebwagen der Landesbahn

Bereits 1929 wollte die Landesbahn Triebwagen anschaffen, doch damals wurden die Möglichkeiten einer Trennung von Personen- und Güterverkehr noch nicht erkannt und als unrationell eingestuft. Erst als sich die Gesellschaft vom Betriebsführer getrennt und den Betrieb in die eigene Hand genommen hatte, was 1933 geschah, konnten sich moderne Ansichten durchsetzten und der Grundstein für einen heute umfangreichen Bestand von Triebwagen wurde gelegt.

Die beiden ersten zweiachsigen Triebwagen aus Desssau kamen 1934 zur Landesbahn als VT 1 und VT 2. Ein Jahr später ergänzte man die Wagen durch zwei Beiwagen. Einen größeren vierachsigen Triebwagen baute die Wumag in Görlitz 1936 als VT 3 für die HzL, der Treibwagen konnte ebenfalls mit einem Beiwagen ergänzt werden. Bedingt durch den Zweiten Weltkrieg blieb es zunächst bei diesen drei Triebwagen. Während der VT 3 nach einem Unfall bereits 1968 ausgemustert wurde, blieben die kleinen Wagen bis 1973 beziehungsweise 1974 im Bestand.

Als die Deutsche Bundesbahn bei der Waggonfabrik Uerdingen nur wenige Jahre nach Kriegsende einen kleinen Triebwagen für Nebenbahnen ent-wikkeln ließ, gehörte die Landesbahn zu den ersten Kunden aus dem Kreis der deutschen Privatbahnen. Mit dem VT 6 und dem VT 7 kamen zwei den Vorserienwagen nahezu entsprechende Triebwagen samt zwei Beiwagen im Jahr 1951 nach Gammertingen. Die kleinen Wagen passten aber nicht unbedingt zu den steigungsreichen Strecken der Landesbahn. Allerdings waren sie nahezu 20 Jahre im Einsatz, ehe sie 1970 und 1973 abgestellt wurden.

Mit den MAN-Schienenbussen fand die Landesbahn schließlich ab 1960 ein taugliches Fahrzeug, dass auch im leichten Güterverkehr eingesetzt werden konnte und bis 1993 die Strecken der Landesbahn prägen sollte. Die beiden ersten Triebwagen kamen 1960 zur HzL, der Bestand wurde schließlich durch weitere Bestellungen bei MAN und zwei übernommene Wagen bis auf sechs Triebwagen ausgebaut. Erst 2005 verkaufte die Landesbahn den ersten Triebwagen.

Von 1968 bis 1993 besaß die Hohenzollerische Landesbahn auch einen vierachsigen Esslinger Triebwagen (VT 3), der von der Teutoburger Wald-Eisenbahn stammte und heute auf der Sauschwänzle-Museumsbahn fährt. Ein weiterer Esslinger war kurzzeitig von 1971 bis 1973 als VT 10 im Bestand.

Ein weiterer „Exot" war der bei MAN gebaute Schienenbus VT 10, der vom Land Baden-Württemberg finanziert als VT 98 9794 bis 1976 bei der DB lief. Der Uerdinger Schienenbus wurde 1977 mit den Vorwohle Emerthaler Verkehrsbetrieben gegen den MAN-Schienenbus VT 6 getauscht.

Nach Hauptuntersuchung und Modernisierung präsentiert sich V 150 in schickem „Outfit", hier mit einem Kieszug von Schwackenreute nach Schömberg; September 2002
Foto: Frank von Meissner

Für die Stammstrecke beschaffte die Landesbahn 1993 drei NE 81-Triebwagen und einen passenden Steuerwagen, die heute noch im planmäßigen Einsatz sind. Mit den Triebwagen der Bauart Regio-Shuttle hat die Landesbahn seit 1997 einen modernen Fahrzeugpark von mittlerweile 46 Wagen aufgebaut.

MAN-Schienenbusse

Bis vor wenigen Jahren bildeten die MAN-Schienenbusse den Kern des Triebwagenbestandes der Hohenzollerischen Landesbahn. Neben sechs Triebwagen besaß die Gesellschaft vier Steuer- und drei Beiwagen.

Nach der Übernahme des Betriebes in eigene Regie hatte die HzL bereits 1934 die beiden ersten Triebwagen beschafft. Die beiden in Dessau gebauten Wagen wurden ein Jahr später durch zwei Beiwagen ergänzt, im Jahr 1936 kam ein weiterer, nun jedoch vierachsiger Triebwagen von der Wumag dazu. Obwohl weitere Pläne zur Umstellung des Personenverkehrs auf Triebwagen existierten, konnten wegen des Krieges keine weiteren Wagen beschafft werden.

Anfang der Fünfzigerjahre entwickelte die Waggonfabrik Uerdingen für die DB einen kleinen Triebwagen, der als Schienenbus bekannt werden sollte. Die HzL bestellte 1951 noch von den Prototypen zwei Wagen mit Beiwagen und ergänzte damit den Bestand an Triebwagen.

Nachdem 1957 und 1958 die beiden ersten Diesellokomotiven in Gammertingen eingetroffen waren, wollte die Gesellschaft ihren gesamten Betrieb auf Dieseltriebfahrzeuge umstellen und bestellte bei der MAN zunächst zwei Leichttriebwagen, die als MAN-Schienenbus bekannt wurden.

Als Besonderheit besaßen die beiden HzL-Wagen an den Stirnseiten Übergangstüren für das Zugpersonal. Die beiden als VT 4 und VT 5 eingereihten Fahrzeuge trafen im Dezember 1960 im Hohenzollerischen ein.

Die Landesbahn wählte aus den möglichen Zusammenstellungen die Variante mit zwei Motoren aus, die für die steigungsreichen Strecken auch mit der höchsten verfügbaren Motorleistung ausgestattet war. Mit 2 x 180 PS, die über zwei Diwabus-Getriebe von Voith auf jeweils eine Achse übertragen werden, konnten die Triebwagen durchaus auch als Schlepptriebwagen für den leichten Güterverkehr dienen. Die Besonderheit des sowohl in Straßen- als auch in Schienenfahrzeugen eingesetzten Getriebes ist die Tatsache, dass es beim Anfahren als hydraulisches, während der Fahrt aber als mechanisches Getriebe wirkt, was durch den Aufbau mit einem Planetengetriebe ohne zusätzlichen Schaltaufwand möglich ist.

Die beiden Triebwagen VT 5 und VT 6 kamen 1960 fabrikneu von MAN zur Landesbahn, zur Ergänzung folgten 1962 die beiden Steuerwagen VS 14 und VS 15 und 1964 die Beiwagen VB 18 und VB 19.

Der Esslinger Triebwagen VT 3 wurde als Ersatz für den verunfallten alten VT 3 von der Rinteln-Stadthagener Eisenbahn gekauft. Er war bis 1993 bei der Landesbahn im Einsatz; 19. Mai 1978 in Gammertingen

Foto: Detlef Braun, ILA Barths

Die MAN-Schienenbusse konnten auch im Güterverkehr eingesetzt werden, so hier der VT 5, ein HzL-Neubau von 1960 am 18. September 1978 in Gammertingen

Foto: K. H. Sprich, ILA Barths

VT 9 und VT 6: Vorne ein echter HzL-MAN-Schienenbus, in der Mitte ein gekaufter Schienenbus (ehemals Bayerbahn) und hinten ein Beiwagen; 16. Mai 1978 in Gammertingen

Foto: Detlef Braun, ILA Barths

Die Hohenzollerische Landesbahn in der Statistik

Personenverkehr

eigene Strecken:

Hechingen–Gammertingen–Sigmaringen

Strecken anderer Gesellschaften:

Tübingen–Sigmaringen
Sigmaringen–Ulm (im Auftrag der DB)
Immendingen–Tuttlingen–Rottweil
Rottweil–Bräunlingen
Tuttlingen–Fridingen
Immendingen–Zollhaus-Blumenberg
Trossinger Eisenbahn

Güterverkehr

Ganzzüge:

Stetten–Sigmaringendorf–Ulm

Eigene Strecken:

Eyach–Sigmaringen
Gammertingen–Kleinengstingen

Güterverkehsstellen Dritter:

Reutlingen, Tübingen Gbf, Dußlingen, Hechingen, Balingen, Frommern, Storzingen, Dettingen (Erms), Dotternhausen, Schömberg, Herbertingen, Bad Saulgau, Mengen, Sigmaringen, Krauchenwies, Sauldorf, Schwackenreute, Fridingen

Streckenlänge

eigene Strecken	107 km
davon PV	82,7 km
gepachtete Strecken	18 km
PV auf Strecken anderer Gesellschaften	492 km
GV auf Strecken anderer Gesellschaften	300 km

Fahrzeuge

Diesellokomotiven	9
Triebwagen	54
Busse	41

Anteilseigner

Land Baden-Württemberg	72 %
Landkreis Sigmaringen	14 %
Zollernalbkreis	14 %

Damit konnte die Landesbahn zwei dreiteilige Garnituren einsetzen. Zusammen bildeten sie den größten möglichen Zugverband mit sechs Wagen.

Einige Monate hatte die HzL auch den Vorführwagen der MAN als Leihfahrzeug im Bestand, den sie schließlich 1964 erwarb und als VT 8 einreihte. Damals hatte der 1961 gebaute Triebwagen bereits 63 000 km zurückgelegt, unter anderem auch bei der Osterwiek-Wasserlebener Eisenbahn. Einen letzten neuen Triebwagen kaufte die Landesbahn mit dem VT 9 im Jahr 1966. Durch den Kauf des VT 7, der von den Vorwohle-Emmerthaler Verkehrsbetrieben (VEV) stammte und ursprünglich der Bayerbahn in Leverkusen gehört hatte, und den Tausch des VT 10 gegen den zweiten MAN-Schienenbus der VEV konnte die HzL ab 1977 auf sechs Triebwagen zurück greifen. Ergänzt wurden die gebrauchten Wagen noch durch einen Beiwagen von der SWEG, den 1986 gekauften VB 21 und zwei 1977 erworbene Steuerwagen aus dem Norden, den VS 12 von der Eisenbahn Altona-Kaltenkirchen-Neumünster und den VS 13 von der Alsternordbahn. Damit standen der Landesbahn sechs Triebwagen, drei Beiwagen und vier Steuerwagen zur Verfügung, die den gesamten Personenverkehr abwickelten.

Die beiden gebraucht erworbenen Triebwagen VT 6 und VT 7 wurden ursprünglich für die Eisenbahn der Bayer-Werke in Leverkusen gebaut. Sie bestehen jedoch nicht, wie manchmal noch geschrieben, aus Kunststoff, lediglich die beiden Steuerwagen der Bayerbahn waren so innovativ aufgebaut. Die Triebwagen entsprachen der konventionellen Bauart aus Stahl.

Erst die Beschaffung der neuen NE 81-Triebwagen im Jahr 1993 ließ die mittlerweile umgebauten und mit leistungsfähigeren Antriebsanlagen ausgestatteten Wagen ins Hintertreffen gelangen. Nach zahlreichen Einsätzen außerhalb des Netzes der Landesbahn wurden 2005 zum ersten Mal MAN-Schienenbusse verkauft. Die Wagen VT 6, VB 18, VS 12 und VS 13 gingen an die Draisinenbahn Berlin-Brandenburg.

Die NE 81-Triebwagen

Als Ersatz für die MAN-Schienenbusse beschaffte die Landesbahn im Jahr 1993 drei Triebwagen der Bauart NE 81 und einen passenden Steuerwagen. An den Erfolg der deutschen Waggonbauer bei Privatbahnen der Fünfzigerjahre konnte erst wieder eine Neuentwicklung von Orenstein & Koppel beziehungsweise der Waggon-Union anknüpfen. Die SWEG und die WN entschlossen sich, gemeinsam eine kleinere Serie von neuen Triebwagen zu bestellen. Die vierachsigen Drehgestellfahrzeuge sollten neben dem Personenverkehr auch Güterverkehr abwickeln können, gefordert war eine Anhängelast von 400 t in der Ebene. Nachdem die Ausschreibung zunächst zur Auftragvergabe an die Firma Orenstein & Koppel geführt

Triebfahrzeuge der HzL ohne RegioShuttle-Triebwagen

Betriebs-nummer	Achsfolge	Leistung	Vmax	Hersteller	Fabrik-nummer	Baujahr	übernommen von
V 23	B dh	240 PS	56 km/h	MaK	220052	1958	1967 Krefelder Eisenbahn abgestellt
V 25	B dh	240 PS	60 km/h	MaK	220018	1954	1973 Bayer AG Leverkusen abgestellt
V 34	B dh	355 PS	35 km/h	Kaelble Gmeinder	5651	1985	neu, Funkfernsteuerung
V 81	D dh	950 PS	60 km/h	Maschinenfabrik Esslingen	5212	1957	neu; abgestellt
V 118	B'B' dh	1170 PS	58 km/h	Krauss-Maffei	19855	1978	neu
V 119	B'B' dh	1170 PS	58 km/h	Krauss-Maffei	19856	1978	neu
V 122	B'B' dh	1300 PS	79 km/h	MaK	1000247	1964	neu
V 124	B'B' dh	1550 PS	80 km/h	MaK/Gmeinder	1000258	1969	neu, Umbau 2004 durch Gmeinder
V 150	B'B' dh	1550 PS	70 km/h	Kaelble Gmeinder	5649	1985	neu, Funkfernsteuerung
V 151	B'B' dh	1550 PS	70 km/h	Kaelble Gmeinder	5650	1985	neu, Funkfernsteuerung
V 152	B'B' dh	1550 PS	70 km/h	Kaelble Gmeinder	5701	1992	neu, Funkfernsteuerung
VT 4	AA dh	2 x 192 PS	70 km/h	MAN	145 274	1960	neu
VT 5	AA dh	2 x 192 PS	70 km/h	MAN	145 275	1960	neu
VT 6	AA dh	2 x 192 PS	70 km/h	MAN	146 635	1962	1977 Vorwohle-Emmerthaler Verkehrsbetriebe Ursprünglich Bayerbahn Leverkusen
VT 7	AA dh	2 x 192 PS	70 km/h	MAN	146 636	1962	1973 Vorwohle-Emmerthaler Verkehrsbetriebe Ursprünglich Bayerbahn Leverkusen
VT 8	AA dh	2 x 192 PS	90 km/h	MAN	145 163	1961	1964 Vorführwagen MAN
VT 9	AA dh	2 x 192 PS	70 km/h	MAN	151 129	1966	neu
VT 41	B'B' dh	2 x 250 PS	90 km/h	ABB Henschel Waggon Union	36100	1993	neu
VT 42	B'B' dh	2 x 250 PS	90 km/h	ABB Henschel Waggon Union	36101	1993	neu
VT 43	B'B' dh	2 x 250 PS	90 km/h	ABB Henschel Waggon Union	36102	1993	neu

hatte, übernahm die Waggon Union den Auftrag, da O&K im Jahr 1980 den Bau von Schienenfahrzeugen aufgab. Die vierachsigen Wagen vom Typ NE 81 mit zwei Motoren sollten eine deutliche Komfortsteigerung bringen und den teilweise recht alten Fahrzeugpark modernisieren. Während die WN zwei Trieb- und einen Steuerwagen und die SWEG sechs Triebwagen bestellte, beteiligten sich noch die Kahlgrundbahn mit zwei und die Regentalbahn mit einem Wagen. Damit konnte eine Serie von zwölf Fahrzeugen gebaut werden.

VT 41 und VT 43: Haupteinsatzgebiet der NE 81 ist die HzL-Stammstrecke von Hechingen nach Gammertingen; hier überwinden zwei dieser Wagen den steigungsreichen Abschnitt bei Hausen-Killer Foto: Frank von Meissner

Im Jahr 1985 konnte eine weitere Serie von 15 Fahrzeugen aufgelegt werden, die neben der SWEG an die Regentalbahn und die Kahlgrundbahn gingen. Bis Mitte der Achtzigerjahre stellte der NE 81 den einzigen modernen Nebenbahntriebwagen dar, der von Privatbahnen bestellt wurde. Die letzten Wagen gelangten in den Jahren 1993 und 1994 unter anderem zur Bodensee-Oberschwaben-Bahn – Betriebsführer ist hier die HzL – und zur Hohenzollerischen Landesbahn. Insgesamt baute die Waggon Union 26 Triebwagen, zu denen noch drei Bei- und 14 Steuerwagen kommen.

Die Motorleistung der Triebwagen entsprach den Wünschen des jeweiligen Kunden, die HzL wählte Motoren mit 250 PS, die Kraftübertragung erfolgt mit hydraulischen Getrieben von Voith auf alle Achsen, wobei jedem Drehgestell eine Antriebsanlage zugeordnet ist. Die Wagen der ersten Serien haben eine Höchstgeschwindigkeit von 80 km/h, die letzte Serie, darunter die drei Triebwagen der Landesbahn, eine solche von 100 km/h.

Während die Konstruktion von Orenstein & Koppel stammt, baute die Waggon Union die erste Serie, seit 1984 baute Thyssen-Henschel den NE 81, die letzte Serie baute ABB Henschel. So wurde der Triebwagen ein Abbild der Konzentration der deutschen Schienenfahrzeugindustrie.

Die drei Triebwagen der Landesbahn VT 41, VT 42 und VT 43 können mit dem passenden Steuerwagen VS 16 verkehren. Sie dienen hauptsächlich dem Personenverkehr auf der Stammstrecke von Sigmaringen über Gammertingen nach Hechingen, sind jedoch gelegentlich auch im leichten Güterverkehr im Einsatz.

Die neuen Triebwagen der Hohenzollerischen Landesbahn

Für die erweiterten Aufgaben der Landesbahn, die nun auch auf Strecken der DB im Personenverkehr im Auftrag des Landes Baden-Württemberg unterwegs war, war in der zweiten Hälfte der Neunzigerjahre eine wesentliche Erweiterung des Fahrzeugbestandes notwendig. Die HzL entschied sich relativ früh für den von Adtranz angebotenen RegioShuttle. Mittlerweile besitzt die Landesbahn 46 Triebwagen dieser erfolgreichen Bauart.

Die moderne Landesbahn

Die Hohenzollerische Landesbahn hat sich in den vergangenen über 100 Jahren seit ihrer Gründung im Jahre 1899 von einer Kleinbahn nach preußischen Gesetzen zu einer leistungsfähigen Eisenbahngesellschaft im Eigentum des Landes Baden-Württemberg entwickelt. Ihre vielfältigen Aufgaben umfassen den Personen- und Güterverkehr rund um das alte Hohenzollern. Dazu stehen der Landesbahn heute leistungsfähige Triebfahrzeuge zur Verfügung. Neben acht Diesellokomotiven besitzt die HzL zehn ältere und 46 moderne Triebwagen – den größten Fahrzeugpark seit ihrer Gründung. Was mit bescheidenen zweiachsigen Dampflokomotiven begann, führte zu vierachsigen Streckendieselloks und klimatisierten Triebwagen.

Spurtstarker Dieseltriebwagen

Der Regio-Shuttle bei der Hohenzollerischen Landesbahn

von Frank von Meißner

Die HzL Hohenzollerische Landesbahn AG – kurz HzL – wurde 1899 gegründet, um das hohenzollerische Stammland, ein schmaler Streifen zwischen Horb, Hechingen und Sigmaringen, eisenbahntechnisch zu erschließen. Dabei entstand zwischen 1901 und 1911 ein HzL-eigenes Streckennetz mit einer Streckenlänge von 107 km zwischen den Eckpunkten Sigmaringendorf, Eyach bei Horb, Kleinegstingen und Sigmaringen. Seit 1990 wurden die Aktivitäten des Unternehmens im Personen- und Güterverkehr Zug um Zug ausgeweitet auf Bahnstrecken der Deutschen Bahn.

Diese Expansion spiegelt sich auch im Fahrzeug-Park der HzL wieder. Für die Übernahme des Personennahverkehrs auf Strecken der Deutschen Bahn sollte der Fahrzeugpark eine beispiellose, steile Aufwärtsentwicklung nehmen: So wurden 1996/97 an die HzL 24 neue Regio-Shuttle-Dieseltriebwagen ausgeliefert – innerhalb weniger Monate erhielt das Unternehmen damit mehr Triebwagen als bis dahin in der gesamten Unternehmensgeschichte. 2003 schließlich verdoppelte sich die Regio-Shuttle-Flotte nochmals nahezu, als 20 dieser Fahrzeuge für den Ringzug beschafft wurden.

Vom NE 81 zum Regio-Shuttle

Der Berliner Fahrzeug-Hersteller Waggon-Union (seit 1990 ABB Henschel) hatte ab Anfang 1981 den vierachsigen Dieseltriebwagen der Bauart NE 81 für nichtbundeseigene Eisenbahnen im Programm. In insgesamt vier Bauserien wurden 43 Fahrzeuge dieses Typs gebaut. Als 1993/94 die letzten Bauserien, unter anderem auch für die HzL, vom Band liefen, war dieser Fahrzeugtyp schon nicht mehr ganz zeitgemäß.

Mit der Bahnreform und der Regionalisierung des Nahverkehrs gab es Anfang der Neunzigerjahre eine ungemeine Aufbruchstimmung im Nahverkehr. Da genügten die bisherigen Fahrzeugkonzepte den Ansprüchen nicht mehr – nein, gefordert wurde eine völlig neue Generation von Schienenfahrzeugen für den Regionalverkehr: spurtstark dank Leichtbau, weitgehend niederflurig, komfortabel – und zugleich kostengünstig in Beschaffung wie Unterhalt.

Zwei Bahnen – drei Farben: Ein Regio-Shuttle in den traditionellen HzL-Farben beige-rot und ein HzL-Regio-Shuttle in den Farben des Donautal-Modells treffen in Gammertingen ein Schwesterfahrzeug der Bodensee-Oberschwaben-Bahn; September 1998

Die Bahnreform und die Regionalisierung des Nahverkehrs

Die Bahnreform trat am 1. Januar 1994 in Kraft. Die Deutsche Bundesbahn und die Deutsche Reichsbahn wurden in die neue Deutsche Bahn AG überführt, zugleich wurde die Deutsche Bahn aufgeteilt in einen Infrastrukturbereich (Netz und Bahnhöfe) und einen Verkehrsbereich (Nahverkehr, Fernverkehr, Güterverkehr). Gleichzeitig wurde geregelt, dass auch Nicht-DB-Unternehmen – also zum Beispiel Regionalbahnen wie die HzL – die Bahnstrecken der Deutschen Bahn gegen entsprechende Gebühren nutzen dürfen.

Mit der „Regionalisierung des Schienenpersonennahverkehrs" ging zwei Jahre später, 1996, die Verantwortung für den Schienenpersonennahverkehr vom Bund auf die Bundesländer beziehungsweise auf die Kommunen über. Diese können seitdem selber vor Ort flexibel entscheiden, welche Zugleistungen im Nahverkehr bei welchem Eisenbahnverkehrsunternehmen bestellt werden: Sie bestimmen also, was gefahren wird und wer fährt. In Baden-Württemberg trägt seit 1996 das Land die Verantwortung für das gesamte Verkehrsangebot im Schienenpersonennahverkehr auf DB-Strecken.

So wetteiferten die Hersteller mit neuen Leichttriebwagen-Konzepten um die Gunst der Auftraggeber. ABB schuf die neue Fahrzeugfamilie des „Regio-Shuttle". Gegenüber seinem Urahn, dem NE 81 aus gleichem Hause, unterscheidet sich der Regio-Shuttle nicht nur durch eine höhere Höchstgeschwindigkeit (120 km/h gegenüber nur 90 bis 100 km/h beim NE 81) und den hohen Niederfluranteil (NE 81 komplett hochflurig), sondern auch durch bessere Beschleunigungswerte.

Die ersten Regio-Shuttle-Triebwagen liefen Mitte 1996 bei der DaimlerChrysler Rail Systems GmbH (kurz Adtranz), in der ABB inzwischen aufgegangen war, vom Band. Die HzL Hohenzollerische Landesbahn AG gehörte nach der Württembergischen Eisenbahn-Gesellschaft (WEG) und der Südwestdeutschen Verkehr-AG (SWEG) zu den ersten Kunden.

Fahrzeugtechnik

Der Regio-Shuttle ist ein vierachsiger, einteiliger Dieseltriebwagen, der von zwei Motoren angetrieben wird. Um einen möglichst großen Niederfluranteil zu erzielen, sind die Antriebspakete jeweils an den äußeren Wagenenden vor den Drehgestellen angeordnet.

Aus Kostengründen wurden zahlreiche Komponenten aus dem Omnibus- und Lkw-Bau übernommen. So kommt beispielsweise zur Leistungsübertragung ein hydromechanisches DIWA-Getriebe (Voith)

Ein Regio-Shuttle im HzL-Beige-Rot und ein blau-gelber Regio-Shuttle passieren als „Rad-Wander-Shuttle" die Höhenzüge der Alb bei Schömberg auf dem Weg nach Tübingen. Diese Ausflugszüge verkehren im Sommer immer sonntags auf der im Personenverkehr regulär nicht mehr befahrenen Schömberger Nebenstrecke; Oktober 2002

zum Einsatz, das im Nutzfahrzeugbau breite Anwendung findet. Ein Quergetriebe verbindet Motor und DIWA-Getriebe zu einer Einheit mit sehr kurzer Baulänge. Ein Achswendegetriebe dient dem Wechsel der Fahrtrichtung. Gegenüber dem Einsatz eines herkömmlichen Strömungsgetriebes (wie es zum Beispiel beim NE 81 verbaut wurde) ist das DIWA-Getriebe nicht nur deutlich leichter, sondern dank der Großserienfertigung auch kostenkünstiger.

Das charakteristische Aussehen der Regio-Shuttle mit den schräg verlaufenden Fensterstegen resultiert aus der gewichtssparenden Fachwerkbauweise des Wagenkastens. Der für eine Längsdruckkraft von 1500 kN ausgelegte Wagenkasten ist als verwindungssteife Schweißkonstruktion von Rechteckrohren und Kantprofilen realisiert. Da der Wagenkasten zunächst in Druckversuchen der geforderten Längsdruckkraft nicht standhielt, musste die Konstruktion nachträglich verstärkt werden, sodass der Regio-Shuttle deutlich schwerer als ursprünglich geplant ausfiel und mit 42 t nicht unbedingt einen „Leicht"-triebwagen im engeren Sinne darstellt.

Auf den fachwerkartigen Wagenkasten sind Sandwichplatten aus Glasfaserkunststoffen (GFK) und die Fenster geklebt; die Führerstandsmodule sind komplett aus Glasfaserkunststoff.

Anfangs wurde der RS1 alternativ mit zwei Fünf-Zylinder-Motoren (228 kW) oder mit Sechs-Zylinder-Aggregaten (je 257 kW) von MAN angeboten, die als Großserie im Omnibusbau verwendet werden und die Euro 2-Abgasnorm erfüllen. Aufgrund des höher als geplant ausgefallenen Fahrzeuggewichts hat sich das leistungsschwächere 228-kW-Aggregat nicht durchsetzen können. Die HzL, deren Einsatzstrecken mit zahlreichen Steigungen durch und über die Schwäbische Alb führen, hat die Fahrzeuge mit einer Antriebsleistung von 2 x 257 kW beschafft. Dank der hohen Leistung und des Allachsantriebs bietet der Regio-Shuttle damit hervorragende Traktionseigenschaften, wie sie von kaum einem anderen Fahrzeugtyp erreicht werden. Dadurch lassen sich S-Bahn-ähnliche Fahrzeiten erreichen. Durch die Ausstattung der Fahrzeuge mit Luftfederung wird eine hohe Laufruhe erreicht.

Bis zu fünf (bei der jüngsten, von 2002 bis 2003 ausgelieferten Bauserie der HzL und BSB bis zu sechs) Triebwagen können in Mehrfachtraktion eingesetzt werden. Der Regio-Shuttle wird entweder mit einer automatischen Kupplung oder mit konventioneller Zug- und Stoßeinrichtung (sprich Schraubenkupplung und Puffer) angeboten. Die HzL und die Bodensee-Oberschwaben-Bahn (BOB), auf der die HzL die Betriebsführung wahrnimmt, entschieden sich aus Gründen der Kompatibilität zu den vorhandenen älteren Fahrzeugen für die konventionelle Schraubenkupplung. Ebenfalls mit Schraubenkupplung wurden die DB-Fahrzeuge für die DB ZugBus Regionalverkehr Alb-Bodensee GmbH (RAB, Ulm) beschafft, deren Fahrzeuge vollumfänglich mit jenen der HzL kompatibel und regelmäßig in Mehrfachtraktion eingesetzt sind.

Dagegen haben die Südwestdeutsche Verkehrs-AG (SWEG) und deren Tochterunternehmen Breisgau- beziehungsweise Orthenau-S-Bahn sich für die automatische Kupplung vom System BSI entschieden. Erst bei den 2003 beschafften Triebwagen für das Ringzug-System schwenkte die HzL ebenfalls auf die BSI-Automatikkupplung um. Grund ist das Flügelungskonzept des Ringzugs, bei dem regelmäßig in Trossingen Bahnhof die Zugläufe von Villingen Richtung Rottweil beziehungsweise Richtung Trossingen Stadt geteilt (fachmännisch „geflügelt") werden.

Angeboten wird der Regio-Shuttle mit einem niederflurigen Einstieg (600 mm über SOK) oder als Hochflurvariante mit einer Einstiegshöhe von 760 mm, in der aber lediglich ein Teil der Fahrzeuge für die WEG ausgeführt worden sind. An den Wagenenden befinden sich jeweils die Hochflurabteile mit einer Fußbodenhöhe von etwa 1000 mm. Pro Fahrzeugseite sind zwei zweiflügelige, elektrisch betriebene Schwenk-Schiebetüren mit einer Durchgangsbreite von 1300 mm angeordnet.

Durch den niederflurigen Einstieg und die günstig und zahlreich angeordneten Türen ergeben sich beim Regio-Shuttle sehr zügige Fahrgastwechsel und somit kurze Bahnsteigaufenthaltszeiten, wie sie nur von wenigen anderen Triebwagenkonzepten erreicht werden – aus Sicht der HzL ein weiterer Vorteil des Regio-Shuttle.

Anfangs waren übrigens auch mehrteilige Versionen des Regio-Shuttle geplant. Sie wurden aber nie realisiert, genauso wenig wie die ursprünglich konzipierten Steuerwagen. Somit gibt es den Regio-Shuttle ausschließlich als Einteiler „RS1" – dies aber in einer ungeheuren Variantenvielfalt, je nach Betreiberwunsch beziehungsweise Betriebskonzept. Nach der Übernahme von Adtranz durch Bombardier wurde der Bau der Regio-Shuttle mitsamt dem Werk in Berlin-Pankow an den Schweizer Schienenfahrzeughersteller Stadler abgegeben.

Die NE 81 kommen im Sommer mit dem „Naturpark-Express" durch das Donautal bis nach Blumberg, hier am Eröffnungstag im Museumsbahnhof Zollhaus-Blumberg. Ganz hinten der ehemalige HzL-VT 3, der nun der Wutachtalbahn gehört

Erster Einsatz auf der Schönbuchbahn

Die erste Einsatzstrecke der Regio-Shuttle sollte die reaktivierte Schönbuchbahn Böblingen-Dettenhausen unter Regie der Württembergischen Eisenbahn-Gesellschaft werden. Vom Regio-Shuttle, der erst auf dem Reißbrett existierte, bestellte der kommunale Zweckverband drei Trieb- und einen Steuerwagen. Der Zweckverband Schönbuchbahn war damit der erste Besteller des Regio-Shuttle überhaupt – und musste dementsprechend anfangs viel Lehrgeld zahlen.

Nachdem sich während der Bauarbeiten herausstellte, dass die Wagen rund 25 Prozent schwerer ausfallen würden als geplant, musste nachträglich die Steuerwagen- in eine Triebwagenbestellung geändert werden, um das straffe Fahrplankonzept der Schönbuchbahn überhaupt einhalten zu können. Später wurden zudem die ursprünglichen 228-kW-Motoren der Triebwagen durch leistungsstärkere 257-kW-Aggregate ersetzt. Daneben ergaben sich terminliche Verzögerungen.

Der Regio-Shuttle bei der HzL

Nur wenig später, ab Dezember 1996, erhielt die HzL über ein Leasingunternehmen 22 Fahrzeuge des Typs Regio-Shuttle. Beschafft wurden die neuen Fahrzeuge für die DB-Strecke zwischen Tübingen und Sigmaringen („Zollern-Alb-Bahn"). Im Jahr 1996 hatte die HzL im Rahmen einer Anfrage gegenüber dem Land Baden-Württemberg ein Angebot zur Übernahme von Nahverkehrsleistungen auf dieser Strecke unterbreitet.

Grundlage der HzL-Offerte war dabei ein neues Fahrplankonzept: Um die Erschließungsfunktion der Schienenstrecke deutlich zu erweitern und höhere Fahrgastpotentiale zu erreichen, wurde ein neuer Regional-Nahverkehr konzipiert, der systematisch alle Zugangsstellen bedienen sollte. Die bislang dort von der Deutschen Bahn eingesetzten Eilzüge mit schwach motorisierten Dieseltriebwagen der Reihe VT 628 ließen die vielen kleinen Stationen sprichwörtlich „links liegen". Die neuen Regionalzüge der HzL sollten dabei, trotz der zahlreichen Halte, die Fahrzeiten der seitherigen DB-Eilzüge nicht überschreiten, was sehr beschleunigungsstarke Fahrzeuge erforderlich machte. Da kam der spurtstarke Regio-Shuttle wie gerufen!

Ab März 1997 übernahmen die HzL-Shuttle sukzessive die Zugleistungen vom bisherigen Betreiber DB. Wie die WEG musste auch die HzL die Erfahrung machen, dass der Fahrzeug-Typ in vielen Punkten nicht ausgereift war und eine Vielzahl von großen und kleinen Nachbesserungen notwendig waren. „Tagsüber fahren, nachts reparieren", lautete das Motto. Fahrzeugbedingte Unregelmäßigkeiten oder gar Zugausfälle gehörten zur absoluten Ausnahme. Gewartet und versorgt werden die Triebwagen in der HzL-eigenen Betriebswerkstätte in Gammertingen.

Die HzL-Züge wurden in Kooperation mit der DB AG von Anfang an über Sigmaringen hinaus bis nach

Die HzL-Regio-Shuttle-Triebwagen für den Ringzug im Bau im Berliner Stadler-Werk im Frühjahr 2003

Aulendorf und inzwischen nach Ulm durchgebunden. Ein Wort zum Einsatzprofil: Die Zollern-Alb-Bahn überwindet mit Neigungen zwischen 5,1 Promille und 24,4 Promille die Schwäbische Alb; bei einer Höchstgeschwindigkeit zwischen abschnittsweise 70 km/h und 120 km/h und einem mittleren Haltestellenabstand von 4,35 km wird eine durchschnittliche Reisegeschwindigkeit von etwa 65 km/h erreicht. Die Angebotsverbesserungen mit dem verbesserten Taktfahrplan haben zu einer beachtlichen Zunahme der Reisendenzahlen geführt – gegenüber 1995 stieg das Aufkommen durchschnittlich um etwa 70 Prozent.

Ringzug: 20 neue Regio-Shuttle

1997 kamen zwei Regio-Shuttle für den Schüler- und Berufsverkehr auf der Donautalbahn zwischen Fridingen und Tuttlingen hinzu, den die HzL im Auftrag des dortigen Landkreises Tuttlingen bereits seit 1990 betreibt. Daher trugen diese Fahrzeuge die Landkreis-Farben Blau und Gelb.

Dieses erfolgreiche Schülerverkehrs-System des Kreises Tuttlingen sollte in ein neues Nahverkehrssystem mit dem Namen „Ringzug" münden, das in den drei Landkreisen Tuttlingen, Rottweil und Schwarzwald-Baar auf dem Streckenring Zollhaus-Blumberg–Tuttlingen–Rottweil–Villingen–Donaueschingen–Bräunlingen und Fridingen–Tuttlingen (insgesamt rund 200 km) einen S-Bahn-ähnlichen Regionalverkehr vorsieht. Die HzL bekam 1999 für den Betrieb des Ringzug-Systems den Zuschlag, 2001 begann der Aufbau, seit 30. August läuft mit großem Erfolg der Betrieb.

Für diese Zugleistungen mit einem Umfang von immerhin 1,257 Millionen Zug-km/Jahr wurden nochmals 20 Regio-Shuttle beschafft. Dabei stieg die HzL von der konventionellen Zug- und Stoßeinrichtung auf Automatikkupplung um. Auch beim Ringzug war ein extrem schnell beschleunigendes Fahrzeug gefordert, liegt hier der Haltestellenabstand sogar nur bei 1,9 km. Gewartet, gereinigt und getankt werden die 20 Regio-Shuttle des Ringzuges im 2003 neu erstellten Bahnbetriebswerk Immendingen.

Die jüngste und vorerst letzte Flottenerweiterung der HzL kam der HzL-Stammstrecke Hechingen–Gammertingen–Sigmaringen zugute. 2004 wurden zwei neue Regio-Shuttle bestellt, um die letzten MAN-Schienenbusse aus dem Planbetrieb ablösen zu können. Mit den neuen Fahrzeugen (VT 46 und VT 47) setzt die HzL seit September 2005 nunmehr

Die HzL-Regio-Shuttle haben inzwischen eine unbeschränkte Zulassung für die Schweiz. Auf Schweizer Staatsgebiet in Wilchingen-Hallau, zu erkennen an den Schrankenanlagen, steht VT 246 am 25. Juni 2005 mit einem Sonderzug von Zollhaus-Blumberg nach Schaffhausen

Morgenstimmung im Bahnhof Schwenningen: Ein solo fahrender Regio-Shuttle als Ersatz-Zug nach Neustadt (Schw.) wartet auf Fahrgäste; April 2004

Technische Daten

Spurweite	1435 mm
Länge über Puffer	25 500 mm
Länge über Mittelpuffer kupplung	25 060 mm
Länge über Wagenkasten	24 460 mm
Größte Wagenbreite	2900 mm
Drehzapfenabstand	17 100 mm
Achsstand im Drehgestell	1800 mm
Höhe Wagenkasten ü. SO.	3700 mm
Dauerleistung	2 x 228 kW (1) 2 x 257 kW (2)
Motortyp	MAN D2865 LUH07 / LU3 (1) MAN D2866 LUH21 (2)
Getriebe Hersteller/Typ	Voith DIWA D864
Höchstgeschwindigkeit	120 km/h
Radsatzanordnung	B'B'
Sitz-/Klapp-/Stehplätze (Standard)	68/6/94 (3)
Dienstgewicht	42 000 kg (3)
Höchstgewicht	56 000 kg (3)
Mittlere Anfahrbeschleunigung	0,92 m/s2
Fußbodenhöhe über SOK	600/760/1000 mm
Stückpreis (3)	etwa 1,8 Mio.

(1) für RS1 der BSB (001–009), OSB und SWEG
(2) für RS1 der BSB (010–019), WEG, HzL, ZVVW und ZVS
(3) abhängig von gewählter Ausstattung

46 Regio-Shuttle ein. In einem Pilotprojekt sollen diese zwei jüngsten Fahrzeuge mit finanzieller Unterstützung des baden-württembergischen Ministeriums für Umwelt und Verkehr für den Einsatz mit Rapsöl statt Diesel vorbereitet werden. Nicht nur ökologisch, sondern vor allem ökonomisch ist die Rapsöltechnologie für die HzL reizvoll, allerdings gibt es noch viele maschinentechnische Fragezeichen.

Weitere Betreiber in Baden-Württemberg

Die Südwestdeutsche Verkehrs-AG (SWEG) samt ihrer Töchter setzt insgesamt 63 Regio-Shuttle ein. Davon laufen 19 Wagen bei der Breisgau-S-Bahn (von Freiburg Richtung Breisach und Elzach) und 28 bei der Ortenau-S-Bahn (auf den Strecken von Offenburg nach Bad Griesbach, Hausach und Strasbourg). Für den Einsatz auf der Ende 2004 neu hinzugekommenen Strecke zwischen Hausach und Freudenstadt erhielt die SWEG im Juni 2005 sechs zusätzliche RS1, zwei zusätzliche gingen zeitgleich zur Breisgau-S-Bahn, um dort für höhere Kapazitäten zu sorgen. Sieben Shuttle Baujahre 1998 beziehungsweise 2005 fahren schließlich bei der Bodensee-Oberschwaben-Bahn zwischen Friedrichshafen und Aulendorf.

Gehörten zunächst ausschließlich die NE-Bahnen zu den Bestellern, so besitzt inzwischen die Deutsche Bahn mit ihrer Tochter DB ZugBus Regionalverkehr Alb-Bodensee (RAB) eine der größten RS1-Flotten, nämlich 64 der DB-intern als VT 650 bezeichneten Reihe. Die im DB-Verkehrsrot gehaltenen VT 650 laufen auf einem Streckennetz, das von Crailsheim/ Aalen über den Großraum Ulm bis nach Tübingen/ Plochingen/Pforzheim reicht.

Außerhalb Baden-Württembergs fahren RS1 unter anderem bei der bayerischen „Länderbahn" (ehemals Regentalbahn), bei der Erfurter Industrie-Bahn samt deren Tochter Süd-Thüringen-Bahn, bei der Ostdeutschen Eisenbahn (ODEG, Mecklenburg-Vorpommern) und bei der Prignitzer Eisenbahn (Brandenburg).

Literatur:
Meißner, Frank von; Kochems, Michael: „Regionalbahnen im Südwesten – HzL, AVG, SWEG und WEG auf ihrem Weg in die Zukunft", ALBA-Verlag, Düsseldorf, 2004

Informationen im Internet:
www.hzl-online.de; www.bahnseite.de; www.railfan.de

Fahrzeug-Liste der HzL

44–45	Adtranz / RS1	1997 / 36585–36586	HzL VT 44-45, bis 2003 im Einsatz für Kreis Tuttlingen zwischen Sigmaringen und Tuttlingen	2*257 kW, B'B', 24,5 m, 56 t, 120 km/h, ohne WC
46–47	Adtranz / RS1	2005	HzL VT 46–47, davon VT 47 vorbereitet für Betrieb mit Rapsöl	ähnlich wie VT 200–221
200–221	Adtranz / RS1	1996–97 / 36563–36584	HzL VT 200–221 für Zollern-Alb-Bahn	2*257 kW, B'B', 24,5 m, 56 t, 120 km/h
231–250	Stadler / RS1	2003 / 37163–37182	HzL VT 231–250 für Ringzug	analog VT 200-221, BSI-Mittelpufferkupplung

Dampfabenteuer in Oberfranken

1970 bis 1973

von Udo Paulitz

Es hieße Eulen nach Athen zu tragen, wollte man über die Dampfschnellzuglok der Baureihe 01 viele Worte verlieren. Sie war wohl die bekannteste aller deutschen Einheitslokomotiven, stand bis zum Ende der Dampftraktion in hohem Ansehen und wurde von allen Dampflokfreunden aus nah und fern bewundert und verehrt. Spätestens seit der zweiten Hälfte der 1960er Jahre begann aber auch bei der Bundesbahn ihr Stern zu sinken. Ihre letzten Exemplare waren schließlich im Bw Hof zusammengezogen worden, wo sie zum Teil bis Ende 1973 im Einsatz standen. Dass nicht nur sie, sondern die gesamte DB-Dampftraktion überhaupt, so lange überleben konnten, war zum Teil dem nachstehend geschilderten Ereignis zu verdanken, das die Ausmusterung von Dampfloks spürbar verlangsamte.

Ende der 1960er Jahre setzte in der Bundesrepublik Deutschland ein rasanter wirtschaftlicher Aufschwung ein. Die damit verbundene konjunkturelle Verkehrsbelebung, an der auch die Deutsche Bundesbahn nachhaltig partizipieren konnte, brachte für die immer größer werdende Zahl der aktiven Eisenbahnfreunde unerwartet positive Auswirkungen. Denn ebenso schnell, wie die Ausmusterung der Dampflokomotiven vor sich ging, war die Zahl ihrer Verehrer gestiegen. Insgesamt aber schienen die Zukunftsaussichten sowohl für diese Traktionsart als auch für diejenigen, die diesem Hobby frönten, wenig rosig auszusehen. Denn der Tag, an dem die letzte Dampflokomotive auf das Abstellgleis geschoben werden würde, konnte schon in naher Zukunft Realität werden.

Die bedingt durch die Hochkonjunktur gute Auftragslage der Wirtschaft hatte für die DB einen starken Verkehrsaufschwung und eine erhebliche Zunahme der Betriebsleistungen zur Folge. Dadurch kam die Deutsche Bundesbahn in die unerwartet fatale Situation, dass jetzt plötzlich zu wenig Lokomotiven zur Verfügung standen. Zwar war in erster Linie der

78 323, auf der ich meine erste und einzige Mitfahrt auf dieser Baureihe hatte, wartet am 6. Mai 1970 im Gleisvorfeld des Bahnhofs Tübingen auf die Ankunft des E 2106

Güterverkehr davon betroffen, positive Auswirkungen gab es aber auch auf den Reisezugdienst, da auch hier eine Belebung festzustellen war. Da die Neuablieferungen von Diesel- und Elektrolokomotiven nicht mit dem so unerwartet stark angestiegenen Lokbedarf Schritt halten konnten, blieb der Bundesbahn als einzig mögliche Alternative nur übrig, den Fehlbestand durch Dampflokomotiven zu decken. So musste die Dampflok kurz vor ihrem unausweichlichen Ende noch einmal als Retter in der Not in die Bresche springen. Das warf die ursprünglichen Planungen der Bundesbahn-Chefetagen, sich schnellstmöglich der „russigen alten Kisten" entledigen zu können und den Dampfbetrieb schon in Kürze gänzlich zu beenden, völlig über den Haufen. Der seit Jahren in Gang befindliche Strukturwandel wurde deutlich gebremst, was die Ablösung der Dampflokomotiven um Jahre verzögerte.

Dies war ein unerhörtes Glück für die immer größer werdende Zahl der Dampflokfreunde, denn nur durch diesen unerwarteten Aufschub wurde ihnen die Möglichkeit gegeben, einen regulären Dampfbetrieb überhaupt noch kennen zu lernen. Der Autor dieser Zeilen war ebenfalls einer der Nutznießer dieser nur kurze Zeit währenden Dampfrenaissance.

Für die DB rächte es sich jetzt, dass die Dampflokbestände in den vergangenen Jahren so drastisch und vorschnell reduziert worden waren. Andererseits konnte man auf eine große Zahl zwar z-gestellter, aber noch nicht ausgemusterter Lokomotiven zurückgreifen, diese Maschinen mussten für den Einsatz allerdings erst aufgearbeitet werden. Bereits eingeleitete Maßnahmen zur Abstellung von Dampfloks sowie Ausmusterungsverfügungen machte man größtenteils rückgängig. Widerwillig sah sich die DB veranlasst, bereits seit Jahren abgestellte Dampflokomotiven wieder zu reaktivieren. Selbst bereits ausgeschiedene Baureihen gelangten nun wieder in den Unterhaltungsbestand. Das betraf hauptsächlich Güterzuglokomotiven, in geringerem Umfang aber auch Maschinen des Reisezugdienstes. Eine große Überraschung war beispielsweise die Rückkehr der bereits ausgeschiedenen Baureihe 03. Aber auch verschiedene 01-Lokomotiven, wie zum Beispiel die bereits z-gestellte 01 008, wurden für den Einsatz wieder hergerichtet. Einige Maschinen dieser Baureihe erhielten auch später Bedarfsausbesserungen bei Schäden, deren Umfang noch wenige Jahre zuvor zur z-Stellung und Ausmusterung geführt hätten. Sofern Kesseluntersuchungsfristen und Ersatzteillage es ermöglichten, ließen sich diese Maßnahmen auch in die Tat umsetzen. Die um die Erhaltung der Dampflokomotiven bemühten vier Ausbesserungswerke Braunschweig, Lingen, Trier und Offenburg waren mit Arbeiten zur Wiederinbetriebnahme der vielen z-gestellten Maschinen einfach überfordert und kamen einfach nicht nach. So standen auch 1971 noch zahlreiche Maschinen unausgebessert herum. Von diesen Loks wurden schließlich nur noch die schweren Güterzugloks der Baureihe 44 aufgearbeitet, da sich die Konjunktur zwischenzeitlich wieder abzuschwächen begonnen und sich daher die Bespannungslage etwas entspannt hatte. Von der Baureihe 50 hingegen wurden fast alle Maschinen erneut z-gestellt und bis zum Jahresende ausgemustert.

Allein bis 1970 hatte die DB einen Zugang von nahezu 250 Dampflokomotiven zu verzeichnen. 1969 waren die Ausmusterungen von Triebfahrzeugen mit 472 gegenüber 752 – dies waren natürlich überwiegend Dampflokomotiven – erheblich unter denen des Vorjahres geblieben. Umfasste der Dampflok-Unterhaltungsbestand im Jahr 1968 nur noch 1421 Maschinen, so stieg dieser bis zum Oktober 1969 auf 1550 und bis zum Juni 1970 noch um weitere 105 Loks auf 1655 Lokomotiven. Aber selbst diese Zugänge reichten nicht aus, dem augenblicklichen Mangel an ausreichend einsatzfähigen Triebfahrzeugen abzuhelfen. Da zudem die Umleitung von Güterzügen über nicht elektrifizierte Strecken wegen Kapazitätsauslastungen vieler unter Fahrdraht befindlicher Strecken hinzu kam, hatte dieser Mangel teilweise erhebliche Bespannungsverzögerungen und betriebliche Behinderungen zur Folge.

Nicht viel anders sah sich die Situation im Personalbereich aus. Sie war ebenfalls entsprechend dünn und auf einen derartigen Verkehrsanstieg nicht vorbereitet. Daher kam man nicht umhin, vielerorts wieder Heizer einzustellen. Eine Chance für manche Eisenbahnfreunde, die in ihren Semesterferien die Möglichkeit bekamen, als Heizer zu arbeiten. Oder auch für zahlreiche bei der DB im Bw-Bereich beschäftigte ausländische Gastarbeiter, die dadurch in den Fahrdienst aufrücken konnten.

Diese genauen Details waren uns Eisenbahnfreunden damals natürlich nicht geläufig. Wir wunderten uns nur darüber, dass der Güterverkehr – wie beispielsweise auf der stark frequentierten Emslandstrecke – intensiver als bisher rollte und die Züge dabei meist gut ausgelastet waren.

Am Tag zuvor hatte 38 3156 diesen Plan

Mai 1970

Meinen dreiwöchigen Jahresurlaub 1970 hatte ich für Anfang Mai eingereicht. Es sollte mein erster Urlaub werden, welchen ich ausschließlich dem Dampfbetrieb widmete. Der Termin hatte den Vorteil, dass ich für die Planung der Dampfzüge noch den bis zum Ende des Monats gültigen Winterfahrplan in Verbindung mit einer bereits langen Tageshelligkeit ausnutzen konnte. Denn jeder Fahrplanwechsel konnte Einschränkungen und Verschlechterungen bei den dampfbespannten Zügen zudem aber auch Änderungen in der Fahrplangestaltung mit sich bringen. Zunächst sollte es für zehn Tage zur P 8 in den Raum Tübingen, Horb und Rottweil gehen. Auf der Suche nach einem Quartier kam mir noch rechtzeitig in den Sinn, dass in dem nahe Tübingen gelegenen Reutlingen ja Tante Sonja und Onkel Werner wohnten. Mein bisheriger Kontakt zu den beiden war zwar nicht übermäßig intensiv, aber nach Schilderung der Sachlage freute man sich auf meinen Besuch und war gerne bereit, mich so lange wie ich wollte zu beherbergen. Im Anschluss daran sollte es nach Oberfranken an die Schiefe Ebene gehen, wo ich die Schnellzugbaureihe 01, die ich bis auf eine nur kurze Begegnung in Köln zwei Jahre zuvor nur von Bildern kannte, aufs Korn nehmen wollte.

Bevor ich auf die 01 zu sprechen komme, sei noch kurz über die vorausgegangenen Tage und Urlaubsvorbereitungen berichtet. Ich freute mich, mit einem vermeintlich guten Diafilm der Marke Ferrania, den ich zum absoluten Dumpingpreis von DM 4,50 eingekauft hatte, auf die Reise zu gehen. Daneben befanden sich aber noch zwei vor mehreren Wochen erworbene Kodachrome II-Farbumkehrfilme in meinem Gepäck. Diesen regulär bis zu DM 19,- teuren 15-DIN-Diafilm hatte ich nur deshalb gekauft, weil das leicht überlagerte Material entsprechend günstig angeboten wurde. Der Film sollte sich angeblich durch eine extrem gute Schärfe, Farbwiedergabe und Brillanz auszeichnen, was ich nach seiner ersten Verwendung auch uneingeschränkt bestätigen konnte. Nachdem mir der Fotohändler versicherte, dass dieser Film noch problemlos zu verwenden sei, schlug ich zu. Nach dem ersten Test war ich zwar von dessen Qualität begeistert, aber für den täglichen Gebrauch erschien er mir – rückblickend betrachtet leider – einfach zu teuer.

Am Samstag, den 2. Mai 1970 ging es ab Neuss in aller Frühe mit Sack und Pack auf die Reise. Nach Aufenthalt in Stuttgart Hbf, wo ich mehrere Altbau-E-Loks, u. a. E 17 013 und 104, aber auch eine im Rangierdienst tätige E 63 sichtete, fuhr ich mit einem Personenzug weiter nach Reutlingen, wo mich meine

38 2626 vor P 4143 ausfahrend aus dem Mühlener Tunnel in Richtung Horb am 9. Mai 1970

Verwandten schon am Bahnhof erwarteten. An dem folgenden, leider sehr verregneten Tag fand eine von Tübingen ausgehende Sonderfahrt mit der äußerlich aufgemöbelten 38 1772 statt. Anfangs bedauerte ich es, bei diesem dunklen Wetter noch den langsamen Kodak-Film in der Kamera zu haben und machte mich auf entsprechend schlechte, vor allem aber unterbelichtete Ergebnisse gefasst. Die Befürchtungen erwiesen sich allerdings als völlig unbegründet, denn Farben und Schärfe waren viel besser als unter diesen Bedingungen jemals zu erwarten waren. Bei einem Fotohalt nahe Rottweil rauschte 50 902 mit dem P 3908 (Rottweil–Villingen) rasant vorbei und es war schon sehr beeindruckend, dem zügig beschleunigenden Dampfzug nachzuschauen.

Damals wurde fast der gesamte, von Tübingen in südliche Richtung ausgehende Reisezugverkehr noch mit Dampflokomotiven der Baureihen 38, 64 und 78, vereinzelt aber auch mit 50, abgewickelt. Hier teilten sich die Strecken nach Horb/Rottweil sowie nach Tuttlingen/Sigmaringen. Morgens und am späten Nachmittag, jeweils zum Berufsverkehr, fuhren besonders viele Züge. So lag es nahe, bereits mit dem ersten Frühzug nach Tübingen zu fahren. Als dies Onkel Werner hörte, fasste er sich an die Stirn und fragte mich in seiner direkten Art, warum ich mich denn schon in dieser Herrgottsfrühe – noch dazu ohne Frühstück – allen Ernstes in der Weltgeschichte herumtreiben wolle. Im Urlaub sollte ich doch lieber mal ausschlafen, denn Dampfloks fotografieren könnte ich später am Tage doch sicher noch genügend. Leider ließ ich mich damals von diesen sicherlich gut gemeinten Argumenten überzeugen. Ich erreichte daher den Bahnhof Tübingen immer erst kurz vor 10 Uhr morgens, was mir ein tägliches Defizit von etwa zehn dampfgeführten Frühzügen einbrachte. In den folgenden, witterungsmäßig fast immer günstigen Tagen trieb ich mich mit der Kamera hauptsächlich im Bahnhofsbereich und im nahen Bw herum. Das hatte zwar den Vorteil, die sich über den Tag verteilenden Dampfzüge auf beiden Strecken erwischen zu können, führte aber zwangsläufig zu einer gewissen Eintönigkeit der Motive.

Es war mein besonderer Wunsch, einmal auf dem Führerstand einer P 8 mitfahren zu dürfen. Leider hatte ich dazu keine offizielle Genehmigung. Daher fielen meine diesbezüglichen Bemühungen bei der Personalen auf keinen günstigen Nährboden. Kein Wunder, denn Mitfahrten Betriebsfremder auf Lokomotiven waren ja vor allem wegen der bestehenden Unfallgefahr und den daraus resultierenden versicherungstechnischen Folgen streng untersagt. Am 6. Mai aber sollte es endlich einmal klappen, zwar auf keiner Lok der Baureihe 38, sondern auf der 78 323, die den 20-Achsen-Zug E 2106 mit 193 Tonnen Gewicht von Tübingen nach Horb zu befördern hatte. Das war auch nicht schlecht. Zum Meister der Maschine, Oberlokführer Plietsch, konnte ich schnell einen guten Draht herstellen. Als sich der Aufsichtsbeamte am Zugende befand, enterte ich schnell auf die Lok. Herr Plietsch bedeutete mir, während der Vorbeifahrt am Stellwerk in Deckung zu gehen und zog den schwarzen Vorhang vor das Seitenfenster. Man konnte ja nie wissen, ob ihn nicht jemand anschwärzen würde. Nachdem wir den Bahnhofsbereich verlassen hatten, durfte ich mich auf der Lok, natürlich ohne den Heizer bei seiner Arbeit zu behindern, frei bewegen. Es wurde eine sehr interessante Fahrt, bei der es, mit durchweg 90 km/h den Windungen des Neckar folgend, am Fluss entlang ging. Nach dem planmäßigen Halt in Rottenburg war es bis Horb nicht mehr weit. Nach dem Abkuppeln ging es als Lz auf dem gleichen Weg zurück nach Tübingen. Unmittelbar darauf hatten Maschine und Personal einen Personenzug nach Tuttlingen zu übernehmen.

01 234, die letzte im Dienst befindliche umgebaute ehemalige Vierzylinder-02, fotografiert im Mai 1970 im Bw Hof

Eines Nachmittags – der erste Zug des Berufsverkehrs hatte gerade den Bahnhof Tübingen in Richtung Sigmaringen verlassen – wiederfuhr mir ein technisches Malheur. Ein Film war beim Transport in der Kamera gerissen, sodass mein einziges Gerät außer Gefecht gesetzt war. Ein Fotohändler in der Stadt stellte zwar die Einsatzbereitschaft sehr schnell wieder her, aber inzwischen waren mir viele Züge, noch dazu bei schönstem Sonnenlicht, entgangen. Am Samstag, den 9. Mai besuchte ich den Kreuzungspunkt Horb und wanderte zu dem in der Steigung nach Eutingen befindlichen Mühlener Tunnel. Ein hervorragender Fotopunkt, auch von Beleuchtung und Sonnenstand her. Eine 44 vor einem Dg (Kornwestheim–Singen) und die vor dem P 4143 talwärts aus dem Tunnel herausfahrende 38 2626 ergaben schöne Motive. In Horb traf ich Burkhard Wollny, einen Eisenbahnfreund aus Stuttgart, mit dem ich in Zukunft noch so manches Mal auf Dampflokjagd gehen sollte.

Am folgenden Sonntag meinte ich, mir aus Macht der Gewohnheit ein Mittagessen in einem Lokal gönnen zu müssen. Da die Gaststätte gut besucht war und es entsprechend lange dauerte, bis ich nach dem Essen mein Geld bei der Bedienung loswerden konnte, war ich für den in Kürze aus Richtung Tuttlingen zu erwartenden P-Zug ziemlich spät dran. Da ich vorher keine Fotostelle erkundet hatte, lief ich auf der Suche nach derselben am Gleiskörper entlang. Ein Schrankenwärter meldete mich der Bahnpolizei, der ich dann prompt auf dem Rückweg in die Arme lief. DM 5,- kostete mich das unbefugte Betreten der Bahnanlagen und damit die im Übrigen wenig überzeugende Ablichtung des von 38 2383 gezogenen Personenzuges P 4318.

Am Mittwochmorgen hieß es Abschied nehmen von Onkel, Tante, P 8 & Co. Nach einem dreistündigen Aufenthalt im verregneten, aber sehr geschäftigen Crailsheim erreichte ich über Bayreuth kommend am späten Nachmittag den Bahnhof Neuenmarkt-Wirsberg und damit den Ausgangspunkt der Schiefen Ebene. Auf dem gegenüberliegenden Gleis wartete 01 168 mit dem E 1649 nach Hof auf Anschlussreisende. Ich konnte gerade noch einen erhöhten Aussichtsplatz auf der nahen Straßenbrücke erreichen, als der Abfahrauftrag erteilt wurde. Es wurde eine Bilderbuchausfahrt, wie ich sie bisher noch nie von einer Dampflokomotive erlebt hatte. Die von einer V 100 am Zugende unterstützte 01 168 beschleunigte unter krachenden Auspuffschlägen und schwarzen Qualmwolken ihren Eilzug in die 25 Promille starke Steigung der Schiefen Ebene hinein. Ich war völlig baff, denn dieses ungewohnte Schauspiel zog mich total in den Bann. Minutenlang ertönte der kräftige Sound der schwer arbeitenden Maschine, deren weißer Abdampf bei dem feuchten Wetter aus dem in der Steigung liegenden Wald aufstieg. In Hochstimmung schnappte ich meine Reisetasche und überquerte die über die Gleisanlagen führende Neuenmarkter Straßenbrücke. Wenige Minuten später bezog ich im nahen Gasthof Köhler mein Quartier für die nächsten Tage.

Der folgende Tag sollte der absolute Höhepunkt meines Urlaubs werden. Es war mir nämlich beizeiten gelungen, eine von der Bundesbahndirektion Regensburg offiziell genehmigte Mitfahrt im Führerstand des von einer 01 geführten Eilzuges E 1791 von Neuenmarkt-Wirsberg bis Hof Hbf zu ergattern. Diese war auf den 14. Mai 1970 ausgestellt. Den hierfür vorgeschriebenen maschinentechnischen Begleiter stellte die Bundesbahn kostenlos. Der zu diesem Dienst eingeteilte Beamte musste in diesem Fall extra von Hof anreisen. Dass dies einen recht erheblichen Aufwand für die DB darstellte, leuchtete mir ein. Der Personalaufwand war auch in erster Linie dafür verantwortlich, dass die Bundesbahn solche Fahrten nur recht spärlich bewilligte. Für die Fahrt musste ich im Besitz einer gültigen Fahrkarte der 2. Wagenklasse sein. Darüber hinaus war eine Haftpflichtversicherung in Höhe von DM 2,70 im voraus zu entrichten. An diesem Morgen hatte der Eilzug Verspätung und traf erst nach 9 Uhr in Neuenmarkt-Wirsberg ein. Mit kreischenden Bremsen kam die Neubaukessellokomotive 01 210 zum Stehen. Wir enterten schnell in den Führerstand. Eine gewisse Eile meinte ich auf der Lok zu spüren, denn ungeduldig lehnte der Meister weit aus dem Fenster. Die V 100 hatte sich schon an den Schluss des Zuges gesetzt. Schnell flogen noch einige Schaufeln Kohle auf den Rost und schon erfolgte der Abfahrauftrag. Nachdem sich die beiden Maschinen durch Pfiffe verständigt hatten, ging es sogleich zur Sache. Der Meister stieß den Seitenzugregler nach vorn – ein Zittern durchlief den stählernen Koloss. „Wuff" ertönte dumpf und noch verhalten unter dem grellen Zischen der geöffneten Zylinderhähne, der erste Auspuffstoß aus dem Kamin von 01 210. Nachdem der erste Rollwiderstand und ein Schleudern der Maschine überwunden war, brüllte die mit voller Kraft beschleunigende 01 in immer schnellerer Folge ihr „Wuff-wuff-wuff-wuff-wuff-wuff" aus der breiten Schornsteinöffnung. Es galt, auf der kurzen Gerade bis zur Linkskurve und dem Beginn der Rampe möglichst viel Schwung zu holen. Ich lehnte mich weit aus der hinter dem Platz des Meisters befindlichen Tender-brükke heraus, um ja nichts von dem für mich ungewohnten Spektakel zu verpassen. Mit etwa 50 km/h ging es unter der dreibogigen Steinbrücke aus dem Jahr 1892 hindurch in die zunächst noch etwas schwächer ausgeprägte Steigung. Nach etwa zwei Kilometern führte eine Rechtkurve in den Himmelskroner Laubenholz genannten Waldeinschnitt. Hier begann die eigentliche Steigung, die auf etwa 5,5 Kilometern Länge im Durchschnitt 25 Promille betrug. Das Toben und Stampfen der Maschine wurde stärker, die Geschwindigkeit betrug nur noch rund 30 km/h. In regelmäßigen Abständen schaufelte der Heizer Kohlen in den rotglühenden Feuerschlund. Ich

01 210 vor E 458 „Frankenland" talfahrend auf der Schiefen Ebene am 15. Mai 1970

war fasziniert und von dem Geschehen völlig überwältigt. Nachdem wir die aufgelassene Blockstelle Streitmühle passiert hatten, durfte ich mit der Kamera auf dem Heizerplatz in Stellung gehen. Jeden Moment musste der ebenfalls von einer 01 geführte E 1648 (Hof–Mannheim) auf dem zu Tal führenden Gleis auftauchen. Die planmäßige Kreuzung mit unserem Zug erfolgte eigentlich in der Gegend von Stammbach. Da wir heute mit Verspätung fuhren, hatte sich der Gegenzug allerdings schon bis zur Schiefen Ebene vorgearbeitet. Da, plötzlich, in einer engen Linkskurve bei Kilometer 79,8 im Bereich der Stützmauer, tauchte der von der ebenfalls neubekesselten 01 180 geführte Eilzug auf. Geistesgegenwärtig betätigte ich den Auslöser meiner Minolta-Spiegelreflex. Auf den folgenden rund zwei Kilometern gewann die auf der Stützmauer durch den Wald führende, eng an den Felsen gedrückte Trasse in mehreren Kurven langsam an Höhe. Unsere Geschwindigkeit hielt sich konstant bei etwa 30 km/h. Schließlich trat der Wald zurück und links auf der Höhe wurde die kleine Marktschorgaster Kirche sichtbar. Das war das Ende der Steigung. Nach einer etwa 15minütigen Bergfahrt war die Rampe bezwungen und ein Höhenunterschied von immerhin 157,70 Metern auf 7,6 Kilometern Länge überwunden. Der nicht angekuppelte Diesel blieb zurück und 01 210 kam schnell wieder in Fahrt.

Der Rest ist schnell erzählt. Bei meist 80 bis 90 km/h durchfuhren wir eine sehr reizvolle, abwechselungsreiche Hügellandschaft mit unzähligen Fotostellen. Die Zeit verging wie im Fluge. Nach dem kurzen, planmäßigen Halt in Münchberg tauchten schon bald die Gleisanlagen und das Bahnbetriebswerk von Hof auf. Das war also das berühmte Mekka der Eisenbahnfreunde! Am Bahnsteig wartete schon ein Rangierer, um den Zug abzukuppeln. Ich durfte auf der Maschine gleich mit ins Bw fahren. Nachdem ich mich auf der Lokleitung angemeldet hatte, durfte ich mich nach einer Ermahnung, gut aufzupassen, nach Herzenslust auf dem gesamten Betriebsgelände zwischen den vielen Maschinen bewegen und fotografieren.

Zur Aufnahme der Mittagszüge baute ich mich in der nahe dem Bw befindlichen Einfahrtkurve des Bahnhofs Hof auf. In den nächsten zweieinhalb Stunden konnte ich insgesamt zehn Dampfzüge, darunter sechs von der Baureihe 01 gezogene, auf dem Film verewigen. Mit dem ebenfalls von einer 01 gezogenen Personenzug P 2852 begab ich mich um 17.29

Blick vom Heizerplatz der 01 210 während der Bergfahrt des E 1791 über die Schiefe Ebene am 14. Mai 1970

Uhr auf die Rückfahrt nach Neuenmarkt-Wirsberg. Dieser Zug verkehrte zur Feierabendzeit und war daher verhältnismäßig schwer. Zudem hielt er an jeder Milchkanne. Deshalb war es besonders interessant, wenn die 01 ihre Fuhre jedes Mal mühsam wieder in Fahrt bringen musste. Schon damals war ich überrascht, wie bedächtig, um nicht zu sagen träge, unsere 01 ihren Zug beschleunigte. Es dauerte lange, bis sie wieder etwas in Fahrt gekommen war. Das tat aber der von ihr ausgehenden Faszination keinen Abbruch. Müde, aber sehr glücklich stieg ich an meinem Zielbahnhof aus. Ein ereignisreicher Tag war zu Ende gegangen.

An den folgenden Tagen unternahm ich verschiedene Streckenwanderungen an die Schiefe Ebene. Leider zeigte sich das Wetter nicht von seiner besten Seite. Es war trübe, mit Regenschauern vermischt und darüber hinaus auch empfindlich kalt. Dies war in erster Linie auf die beachtliche Meereshöhe dieser Wasserscheide zwischen Main und Saale – der Bahnhof Marktschorgast liegt immerhin 505 Meter hoch – zurückzuführen. Leider war meine Kleidung der nasskalten Witterung wenig angepasst. Ich lief nur in einer dünnen Jacke und mit Halbschuhen herum. Noch nicht einmal einen Regenschirm hatte ich dabei. Weit schlimmer als Nässe und Kälte aber war die Dunkelheit, die das Fotografieren fahrender Züge sehr beeinträchtigte. Der Belichtungsmesser schlug so schwach aus, dass bei voller Blendenöffnung von 1,7 die Verschlusszeit von 1/125 Sekunden nur mit viel Optimismus praktikabel war. Für einen fahrenden Zug eigentlich schon viel zu wenig.

Die Baureihe 01 war ein Flachlandrenner und für Bergstrecken eigentlich weniger geeignet. Ihre zulässige Grenzlast betrug auf der Schiefen Ebene 226 Tonnen, was etwa fünf Reisezugwagen entsprach. War der Zug schwerer, musste im Regelfall eine Schiebelok gestellt werden. Bis 1967 versahen Dampflokomotiven, zuletzt die Güterzug-Baureihe 50, diesen Dienst. Anschließend wurden bis zum Ende des 01-Einsatzes Dieselloks verwendet. Überwiegend waren es V 100, seltener V 200, in Ausnahmefällen aber auch V 60. Erst mit dem Ende des Dampfbetriebes im Jahr 1975 gehörten die Schiebedienste auf dieser Rampe endgültig der Vergangenheit an.

Mein Fotoprogramm begann jeden Morgen gegen 8.45 Uhr mit dem bergwärts fahrenden E 1791. Diesem Eilzug folgte schon bald in der Gegenrichtung der E 1648. In der nun beginnenden Zugpause wanderte ich am Gleis entlang in Richtung der früheren Blockstelle Streitmühle. Diese Umgebung eignete sich gut für das Mittagsprogramm, das mit dem gleichfalls 01-geführten, bergfahrenden P 2819 begann. Dann folgte der regelmäßig von einer V 100 unterstützte D 545. Zwei weitere 01-Schnellzüge, es waren der „Frankenland" und der D 546, fuhren anschließend in Richtung Bamberg zu Tal. Die nachfolgenden Züge – der am 15. Mai mit der Neubaukessellok 01 200 bespannte E 1645 und der E 459 mit 01 126 an der Spitze – donnerten die Steigung in Richtung Hof hinauf. Das Wetter hatte sich mittlerweile zu einem Dauerregen fortentwickelt, der andererseits wohl die Entwicklung herrlich intensiver Dampf- und Qualmwolken begünstigte. Der Regen wurde schließlich so stark, dass ich Schutz unter der Bundesstraßenbrücke B 303 suchen musste. Entsprechend früh war an diesem Tage mangels Licht mein Außendienst an der Strecke beendet.

Auch während der nächsten beiden Tage besserte sich die Wetterlage nicht. Es waren offenbar die Mitte Mai fälligen Siebenschläfertage, die sich in dieser klimatisch rauen Gegend so unangenehm bemerkbar machten. Am 16. Mai war der mittägliche D 545 länger als sonst und kam daher mit zwei 01-Lokomotiven den Berg hinaufgekeucht. Leider war es so dunkel, dass ich mich von dem auf geschildertem Billigfilmstreifen aufgenommenen, total unterbelichteten Bild schon lange getrennt habe. Unter solchen Bedingungen nutzen auch die schönsten Züge nichts. Da ich von dem andauernd schlechten Wetter die Nase voll hatte, packte ich kurz entschlossen am frühen Nachmittag meine Habseligkeiten und fuhr in Richtung Hamburg. Dort wollte ich zwei neue Dampfreservate beschnuppern: einmal die von der Deutschen Reichsbahn im grenzüberschreitenden Verkehr eingesetzten 01 5 sowie die von Hamburg-Altona in nördliche Richtung verkehrende Baureihe 01 10 . Diesen Abstecher verband ich mit einem schon lange fälligen Besuch bei meiner in Geesthacht wohnenden Großmutter. Meine Entscheidung war richtig, denn hier im Norden schien die Sonne. Übermäßig viel Gelegenheiten zum Fotografieren fand ich aber nicht, da zu viel Zeit mit familiären Angelegenheiten drauf ging. Am 24. Mai ging es schließlich endgültig auf die Heimreise. Im Bahnhof Münster machte ich gegen Mittag einen kurzen Zwischenstopp und kam dort in den Genuss einiger weiterer Lokomotiven der Baureihe 01 10 des Bw Rheine. Außerdem bekam ich erstmals die im gleichen Bw stationierte ölgefeuerte Baureihe 41 zu Gesicht. Während dieses Urlaubs hatte ich insgesamt 2122 Kilometer mit der Bahn zurückgelegt.

Frühjahr 1971

Diese im Grunde viel zu kurze Stippvisite an der Schiefen Ebene sollte selbstverständlich nicht meine letzte bleiben. Zu gewaltig war der Eindruck, den die 01-Lokomotiven bei mir hinterlassen hatten. Gerne wäre ich ja öfter dorthin gefahren, aber die große Entfernung von rund 550 Kilometern zwischen Neuss und diesem Dampfreservat hielt mich immer davon ab. Ein normales Wochenende erschien mir hierfür entschieden zu kurz, denn abgesehen von den Strapazen der Nachtfahrt kamen ja noch die Kosten für die Rückfahrkarte von etwa DM 100,- sowie die Übernachtung hinzu. Und Sonntagmittag hätte ich mit dem „Frankenland" schon wieder die Kurve kratzen müssen. Vor 22 Uhr wäre ich keinesfalls zu Hause gewesen. Also aus dem damaligen Blickwinkel eine reine Hetzerei, die scheinbar nur wenig einbracht hätte. Kamen ein oder mehrere Feiertage hinzu, hätte die Sache – zumindest nach meinen jetzigen Kenntnissen – schon anders ausgesehen. Letztendlich aber ließ ich auch solche sich bietenden Möglichkeiten – zumindest über die Weihnachts- und Neujahrstage – aus mir heute fast nicht mehr nachvollziehbaren Gründen ungenutzt verstreichen. Sicherlich, zu meiner falschen Sparsamkeit kam ein Arbeitsplatzwechsel hinzu, der mich beruflich entsprechend stark in Anspruch nahm und teilweise auch an Samstagen

Überstunden verlangte. Wenn ich aber heute an diese Zeit zurückdenke, lag der Hauptgrund für meine damals viel zu geringen Aktivitäten in Sachen Dampf auch nicht vordergründig an den hohen Fahrtkosten. In erster Linie hatte ich immer noch nicht richtig kapiert, wie schlecht es um den Dampfbetrieb der DB tatsächlich bestellt war. Sonst hätte ich mich wohl anders verhalten und etwas mehr Initiative an den Tag gelegt. Denn damals gab es neben der weit entfernten Region Oberfrankens noch viele weitere, auch an den Wochenenden lohnende und für mich besser erreichbare Dampfstrecken. Chancen, die ich ebenfalls viel zu wenig nutzte. Was hatte ich doch alles verpasst!

So dauerte es schließlich bis Ostern des folgenden Jahres, ehe ich wieder an die Schiefe Ebene kam. Immerhin hatte ich unter Verwendung von Urlaubsbrücken elf Tage zusammenbekommen. Aber auch hier plante ich leider sehr verzettelt. Nur sieben Tage hatte ich für die Umgebung der Schiefen Ebene vorgesehen. An jeweils zwei Tagen war der Raum Miltenberg und die Moselrollbahn Koblenz–Trier eingeplant. Es gab damals eben noch viel zu viele Dampfstrecken, die alle gleich wichtig erschienen. Nachträglich bedauere ich es sehr, den 01-Lokomotiven keine größere Priorität eingeräumt zu haben. Das Ende dieser Baureihe begann sich auch in Hof schon anzukündigen. Zu Beginn des Jahres 1971 war der Bestand des Bw Hof – diese Einsatzstelle war gleichzeitig zum Auslauf-Bw für diese Baureihe festgelegt worden – auf 21 Maschinen, davon 14 mit Neubaukessel geschrumpft. Darunter befand sich mit 01 234 die letzte ehemalige 02-Lokomotive. Zwölf Loks wurden davon für die planmäßigen Umläufe pro Tag benötigt. Ein Zugpaar wurde sogar noch bis Nürnberg gefahren.

Über die Ostertage hatte ich mich mit Burkhard Wollny und seinem Freund Hans Faust verabredet. Wir wollten mit dem Pkw gemeinsam auf Dampflokjagd gehen. Im Gasthof Köhler hatte ich für uns Quartiere reserviert. Als ich morgens nach einer Nachtfahrt mit dem E 1791 in Neuenmarkt-Wirsberg eintraf, wurde ich bereits erwartet. Für mich als Fußgänger und Bahnfahrer bedeutete ein fahrbarer Untersatz eine sehr angenehme und bisher unbekannte Mobilität, denn mit dem Auto konnte man schnell von einer Fotostelle zur anderen wechseln. Auch gelegentliche Zugverfolgungen, wie zum Beispiel bei den bergfahrenden Zügen in Richtung Hof waren möglich. Unsere Vorgehensweise war dabei immer die gleiche: Für die Züge aus Richtung Bamberg suchten wir uns zuerst eine Fotostelle in der Gegend von

01 126 mit Neubaukessel vor E 1655 auf der Schiefen Ebene im April 1971

01 180 mit Dieselschub vor D 853 auf der Schiefen Ebene, fotografiert von der Bundesstraßenbrücke B 303 im April 1971

Untersteinach/Ludwigschorgast. Den planmäßigen Halt in Neuenmarkt-Wirsberg nutzten wir, um den Zug zu überholen, uns vorzusetzen und einen Standpunkt oberhalb der Schiefen Ebene einzunehmen. Durch die parallel durch den Frankenwald führende Autobahn A 9 konnte uns der Zug niemals entwischen. Oftmals wählten wir einen Fotopunkt in der Umgebung der Straßenbrücke am Bahnhof Marktschorgast. Oder wir fuhren weiter in Richtung Falls/Stammbach, wo es weitere unzählige schöne Fotomotive zu entdecken gab. Das konnten wir natürlich nicht mit jedem Zug machen, denn dann wäre der Benzintank noch viel öfter leer gewesen, als er es jetzt schon war. Denn wir mussten auch an unseren Geldbeutel denken, obwohl sich die Spritkosten auf alle Fahrzeuginsassen verteilten. Von den für heutige Begriffe unvorstellbar niedrigen Benzinpreisen von unter einer DM (nicht Euro!), kann man zwar heute nur noch träumen, entsprechend schmäler waren aber auch unsere Lohntüten, das muss man gerechterweise sagen.

Neben der ab Neuenmarkt-Wirsberg beginnenden Schiefen Ebene war der ebenfalls noch in Richtung Hof ab Marktschorgast bis zum Bahnhof Stammbach mit etwa 1:100 ansteigende Streckenabschnitt unser hauptsächliches Jagdrevier. Da das Wetter überwiegend freundlich gestimmt war, gab es eine gute Fotoausbeute. Lediglich die schlechte Qualität des Ferrania-Films, mit dem ich mich wieder einmal aus falscher Sparsamkeit eingedeckt hatte, dämpfte meine spätere Freude an den Aufnahmen erheblich. Durch diese Misserfolge kam ich endlich zu der Einsicht, am Filmmaterial in Zukunft nicht mehr zu sehr zu sparen.

An einem dieser Tage unternahmen wir einen Abstecher nach Kirchenlaibach. Das dortige Bahnbetriebswerk war eine der letzten Einsatzstellen für die Personenzug-Tenderlok der Baureihe 64, die in ihrem angestammten Einsatzbereich bei der DB nur noch äußerst selten anzutreffen war. Diese kleinen Lokomotiven waren noch in 16 Exemplaren beim Bw Weiden beheimatet; Kirchenlaibach fungierte als Einsatz-Bw. Auf der Hinfahrt folgten wir dem Fototipp des Fahrdienstleiters des Bahnhofs Oberkotzau, den wir unlängst kennengelernt hatten, und fotografierten die mit einem Schnellzug nach Hof fahrende Neubaukessellok 01 192 an der Ausfahrt des Katzenbühler Tunnels. Kaum in Kirchenlaibach angekommen, erwischten wir die blitzsaubere, in Weiden stationierte 44 137, als sie den Bahnhof mit einem schweren Durchgangsgüterzug verließ. Die in einer Steigung liegende Strecke verlangte der Maschine alles ab und entsprechend beeindruckend war deshalb auch die Ausfahrt des Zuges. Die kleinen Maschinen der Baureihe 64, denen wir nach einem kurzen Bw-Besuch unsere Aufmerksamkeit an der Strecke widmeten, fuhren mit ihren leichten Zügen ziemlich flott und beschleunigten aufgrund ihrer kleinen Treibräder deutlich schneller als die 01, sodass wir bei den versuchten Zugverfolgungen manchmal einige Mühe hatten. Am frühen Nachmittag postierten wir uns an einem hervorragenden Fotoplatz in der Nähe des Bahnhofs Kemnath. Dort warteten wir auf einen 01-geführten Schnellzug. Leider war an diesem Tag eine V 200 davor. Trotz der Enttäuschung habe ich auf den Auslöser gedrückt.

Ein weiterer Abstecher ging an die Zonengrenze nach Blankenstein in der DDR. Dort konnten wir von einem gegenüberliegenden Hang über die Grenzanlagen hinweg den Bahnhof gut einsehen. In den nächsten zwei Stunden sichteten wir die Lokomotiven 58 164 und 1087, also ehemalige preußische G 12, sowie die DR-Neubau-Tenderlok 65 1011, die den Bahnhof mit einem Personenzug unter starker Qualmentwicklung verließ. Leider war die Entfernung zu den Maschinen durch die mitten im Tal verlaufen-

01 mit Neubaukessel vor E 659, aufgenommen vom gegenseitigen Hang auf die Stützmauer im April 1971

de Grenze so groß, dass auch auf den versuchsweise mit dem 135-mm-Teleobjektiv geschossenen Aufnahmen nicht allzu viel von den Lokomotiven zu erkennen war. Sie gingen über Ameisengröße nicht hinaus. Es erübrigt sich fast zu erwähnen, dass unser Treiben ständig von den DDR-Grenzorganen argwöhnisch beobachtet wurde.

Am Ostermontag verließen mich meine beiden Begleiter. Ich begab mich nun auf die Rückreise, die ich – obwohl diese eigentlich nicht mehr in das Kapitel „Oberfranken" gehört – der Vollständigkeit halber ebenfalls erzählen möchte. Nach einem kurzen Zwischenstopp im Bw Schweinfurt, wo ich u. a. die 98 886 sichtete, machte ich für zwei Tage in Milten-

01 210 ausfahrend aus dem Bahnhof Neuenmarkt-Wirsberg in Richtung Bamberg im April 1971

01 230 vor E 659 in der Nähe von Falls im Mai 1971

64 337 des Bw Weiden im Bw Kirchenlaibach, April 1971

berg Station. In dem in Bahnhofsnähe gelegenen Hotel „Zum Schiff" fand ich für DM 12,- pro Nacht ein gutes Quartier. Miltenberg wurde noch planmäßig von den im Bw Aschaffenburg stationierten Dampflokomotiven der Baureihen 50, 64 und 65 angelaufen. In erster Linie befanden sie sich vor Personenzügen, teilweise aber auch mit Nahgüterzügen im Einsatz. Leider sagte mir die Strecke nur wenig zu, denn die ganzen Örtlichkeiten erschienen mir zu eng und boten kaum weiträumige Fotostandpunkte, an denen Lok und Zug abgebildet werden konnten, zumal die Gleise oftmals sehr nahe der Straße verliefen. Dies traf zumindest auf diejenigen Abschnitte zu, an denen ich mich aufhielt. Also fuhr ich um die Mittagszeit des folgenden Tages – ohne ein schlechtes Gewissen zu haben – weiter an die Moselstrecke Koblenz–Trier. Ab Koblenz kamen laufend von der Baureihe 44 geführte Güterzüge entgegen. In Wengerohr stieg ich aus und stellte schnell meine Reisetasche im Gasthof am Bahnhof ab. Kaum war ich wieder draußen, kam auch schon 01 199 mit einem Eilzug aus Richtung Trier um die Kurve. Sie ging mir prompt durch die Lappen. Bis zum Dunkelwerden wurde ich aber noch reichlich entschädigt, denn es fuhren fast im Blockabstand jede Menge 44 mit langen Güterzügen. Außerdem kamen auch einige Personenzugloks der Baureihe 23 und eine weitere 01 mit einem Eilzug vorbei. Die 44er beförderten vielfach aus französischen Selbstentladewagen gebildete Kohlenganzzüge. Von meinem unmittelbar an der Bahnstrecke gelegenen Quartier konnte ich in der Nacht im Halbschlaf den mit ihrem unverwechselbaren Dreizylindertakt vorbeiziehenden 44ern lauschen. Schönere Schlaflieder als diese kann sich ein Dampflokfreund wohl kaum vorstellen und allein deshalb lohnte sich ein Besuch an dieser stark befahrenen Strecke.

Am nächsten Morgen war ich schon früh auf den Beinen und fuhr mit dem ersten Personenzug nach Bullay. Nachdem ich die kombinierte Schienen- und Straßenbrücke der Mosel überquert hatte, stand ich vor dem dunklen Loch des knapp 500 Meter langen Prinzenkopftunnels. Um an mein Ziel, den Pündericher Hangviadukt mit seiner berühmten Galerie, zu gelangen, musste ich diesen entweder zu Fuß durchqueren oder über den Berg steigen. Da man das Ende des in einer Kurve gelegenen Tunnels nicht einsehen konnte, erschien mir das Wagnis, durch den Tunnel zu laufen, doch ein wenig zu riskant, zumal die Strecke sehr stark befahren war. Es bestand die Gefahr, in der verqualmten Röhre, in der die zu Tal fahrenden Dampfzüge kaum zu hören waren, im wahrsten Sinne des Wortes unter die Räder zu kommen. Schon die beiden Aufnahmen der 44er vom Gegengleis aus dem Tunnelinneren heraus, ohne die Möglichkeit zu haben, in eine Tunnelnische zu treten, waren mehr als lebensgefährlich. Aber die Versuchung, einen interessanten und nicht alltäglichen Fotostandpunkt für einen Dampfzug gefunden zu haben, war eben größer als die Angst vor dem Risiko. Gott sei Dank ging alles gut.

Nun wollte ich das Schicksal aber nicht noch mehr herausfordern und entschloss mich daher, die Tunnelbegehung zu unterlassen und statt dessen lieber die vermeintlich unproblematische Kletterei über den Berg anzutreten. So schlimm konnte das ja wohl nicht sein. Es war gegen 7.30 Uhr. Der Aufstieg querfeldein über Sand und Geröll ging ja noch leidlich gut, auch wenn ich mit meinen Halbschuhen oftmals tief im losen Boden versank. Als ich etwa auf halber Höhe angelangt war, sah ich plötzlich eine 01 mit Altbaukessel mit lautem Getöse durch Buschwerk und Bäume über die Brücke donnern und mit einem dumpfen Pfiff im Tunnel verschwinden. Das war äußerst ärgerlich! Hatte ich diesen Zug nun im Fahrplan übersehen oder war es eine Sonderleistung –

44 667 des Bw Weiden im Bw Kirchenlaibach, April 1971

Ein aus Koblenz kommender Güterzug mit Baureihe 44 einfahrend in den Prinzenkopf-Tunnel, April 1971

heute weiß ich es nicht mehr. Nach gut einer halben Stunde war ich oben und konnte eine herrliche Aussicht auf Mosel und Hangviadukt genießen. Den nun beginnenden Abstieg hatte ich mir aber wesentlich einfacher vorgestellt. Er war noch deutlich steiler, vor allem aber im ersten Drittel derart voll losem Geröll und fast gänzlich ohne Buschwerk, an dem man sich notfalls festhalten konnte. Selbst mit zünftigen Wanderschuhen wäre ich bei dieser Bergsteigerei in Schwierigkeiten gekommen. Besonders ein Geröllfeld von etwa 20 Metern Länge, das ich nicht umgehen konnte, war sehr tückisch. Es brachte mich mehrmals an den Rand eines Absturzes. Ganz langsam, mehr auf dem Rücken als aufrecht, ging es Stück für Stück abwärts. Wäre ich einmal ins Rutschen gekommen, hätte es kein Halten mehr gegeben. In dieser Situation kam 01 227 mit dem E 1571 aus Richtung Trier auf dem Pün65dericher Viadukt daher. Mit Müh und Not konnte ich aus schwindelnder Höhe eine Teleaufnahme anbringen. Als ich schließlich die ersten Rebstöcke erreichte, war ich in Sicherheit und endlich nach etwa zwei Stunden unten. Der Weg durch den Tunnel wäre eindeutig der schnellere, aber kaum der ungefährlichere gewesen. Die schönen Motive, die der Pündericher Hangabschnitt bereithielt, waren mehr als ein Trostpflaster und durchaus der Mühe wert. Nachdem ich am nächsten Vormittag das Gebiet um Ürzig/Kinderbeuern noch ein wenig erkundet hatte, war der erste Teil meines Jahresurlaubs zu Ende und es ging wieder heimwärts.

Der zweite Teil meines Urlaubs begann bereits zwei Wochen später. 14 Tage blieb ich in Horb und machte die Gegend unsicher. Zu Beginn der dritten Woche traf ich mich mit meinen englischen Eisenbahnfreunden Brian und Derek, die mit dem Pkw angereisten waren. Brian war Besitzer einer sehr schönen, rechtsgelenkten antrazithfarbenen MG-Magnette-Limousine, die bei uns bereits unter die Kategorie der Oldtimer gefallen wäre. Mit diesem Wagen starteten wir zu einer einwöchigen Tour durch Süddeutschland. Nachdem wir Rottweil, Ulm, Crailsheim, Nürnberg, die 86er Strecke von Neumarkt nach Beilngries angelaufen hatten, ging es auch für knapp zwei Tage an die Schiefe Ebene. Mehr war zeitlich leider nicht drin. Wir quartierten uns im Bahnhofshotel „Regina" in Marktschorgast ein. Da wir die Frühzüge (der erste Dampfzug verließ Neuenmarkt-Wirsberg an Werktagen bereits um 5.25 Uhr) ebenfalls fotografieren wollten, hatten wir die Wirtin gebeten, den Schlüssel zur Eingangstür stecken zu lassen. Das hatte die gute Frau offensichtlich vergessen und so mussten wir ein Fenster im Erdgeschoss als Notausstieg benutzen. Noch am gleichen Tag begaben wir uns auf die Rückfahrt, nicht ohne zuvor die Neubautenderlokomotive 65 018 mit einem Personenzug in der Nähe von Aschaffenburg fotografiert zu haben. Es war schon sehr spät, als mich meine Freunde zu Hause in Neuss absetzten. Sie mussten gleich weiterfahren, um noch rechtzeitig die Fähre nach England zu erreichen. Meine Aufzeichnungen besagen, dass ich in diesen ganzen Urlaubswochen allein mit der Bahn 2805 Kilometer zurückgelegt hatte.

Sommer 1972

Erst im folgenden Jahr sollte mich die Hofer Region wiedersehen. Dieses Mal wollte ich den Hauptteil meines vom 13. Juli bis 2. August 1972 dauernden Sommerurlaubs diesem Raum widmen. Mein englischer Freund Brian Wright wollte mich begleiten. Auf der Rückfahrt war ein erneuter Abstecher an die Linie Aschaffenburg–Miltenberg sowie zum Abschluss ein Besuch im Raum Saarbrücken/Sarreguemines vorgesehen. Als Standort hatte ich das verkehrsmäßig günstig gelegene Schwarzenbach/Saale ausgewählt, weil man von diesem sehr zentral gelegenen Punkt auch die Regensburger Strecke gut erreichen konnte. Dadurch war eine maximale Zugausbeute gewährleistet. Der örtliche Verkehrsverein war mir bei der Suche behilflich und machte mit dem unmittelbar am Bahnhof gelegenen Gasthof und Pensionsbetrieb Neustadt ein preiswertes Quartier für uns ausfindig. Hier konnten wir für nur DM 5,- pro Nacht – ohne Frühstück wohlbemerkt – unterkommen. Das Zimmer war mehr als winzig, sehr spartanisch eingerichtet, dafür aber sauber. Es reichte gerade zum Schlafen. Tagsüber waren wir ja sowieso unterwegs, sodass uns dies keineswegs störte. Sogar zwei Fahrräder waren im Preis mit enthalten. Das war günstig wie nie zuvor, denn die eingeplanten 18 Übernachtungen schlugen mit nur DM 90,- zu Buche.

Anhand der aktuellen Ausgabe des EK-Heftes „Dampfgeführte Reisezüge der DB" hatte ich unseren täglichen Einsatzplan ausgearbeitet. Dieser sah vor, in aller Frühe zunächst die auf der Regensburger Strecke verkehrenden Reise- und Güterzüge aufs Korn zu nehmen und dann mit dem P 2814 (ab Schwarzenbach um 7.18 Uhr) an die Bamberger Strecke zu fahren. Wesentliche betriebliche Einschränkungen waren seither im Betriebsdienst der Baureihe 01 zum Glück nicht eingetreten. Zum diesjährigen Sommerfahrplan wurden täglich noch zehn Maschi-

01 202 in Neuenmarkt-Wirsberg im August 1972

B01 187 vor P 3257 bei Martinlamitz im Juli 1972

01 103 vor P 3257 bei Martinlamitz im Juli 1972

44 597 des Bw Weiden vor Dg 8052 bei Martinlamitz im Juli 1972

01 008 vor E 1622 bei Fattigau im Juli 1972

01 227 vor P 2814 bei Fattigau im Juli 1972

01 180 vor E 1791 auf der Schiefen Ebene im Juli 1972

01 173 vor E 1649 bei Marktschorgast auf der Schiefen Ebene im Juli 1972

nen planmäßig benötigt. Darüber hinaus gab es einen dreitägigen 01/50-Mischplan, der aber infolge des sich laufend vermindernden 01-Bestandes schon überwiegend von der Baureihe 50 gefahren werden musste, denn dieser verminderte sich um Jahresfrist – trotz Zugangs der letzten beiden Ehranger Maschinen – von 17 auf 13 Lokomotiven. Damit hatte man alle noch betriebsfähigen DB-Maschinen dieser Baureihe im Bw Hof zusammengefasst. Anstehende Fristabläufe aber auch Reparaturschäden bedeuteten für die meisten 01-Lokomotiven fast immer das Ende, wobei schon lange nicht mehr zwischen Alt- und Neubaukesselloks unterschieden wurde. Immerhin wurden im Laufe des Jahren 1972 den Altbaukesselmaschinen 01 008 und 111 sowie der 01 131 mit Neubaukessel letztmalig Bedarfsausbesserungen im AW Lingen zuteil. Es waren die letzten Maschinen dieser Baureihe, die in Lingen eine Untersuchung erhielten, da die dortige Dampflokausbesserung komplett eingestellt wurde. 01 008 erhielt sowohl Ende des Jahres 1972 als auch im Februar des Folgejahres sogar noch zwei weitere Bedarfsausbesserungen, für die nun allerdings das AW Braunschweig zuständig war.

Wenn ich heute daran zurückdenke: Ein Urlaub im eigentlichen Sinne war dies ganz gewiss nicht, was wir uns da vorgenommen hatten. Viel eher eine ungewohnte körperliche Anstrengung, nach der man anschließend für einen richtigen Urlaub reif war. Allein schon das ununterbrochene frühe Aufstehen erforderte jedes Mal ein gehöriges Maß an Überwindung. Dies nahm man aber mit Aussicht auf schöne Dampflokaufnahmen auf sich. Zudem bestand unser Essen vorwiegend aus Kaltverpflegung mit Wasser und allenfalls mal einer Limonade. Aber das kannte ich ja mittlerweile schon von meinen früheren „Urlauben" her.

Am Mittwochabend, den 12. Juli 1972 ging es mit Fototasche, Stativ, 30 Diafilmen und einer großen Reisetasche für Bekleidung, Wäsche und einigen weiteren Habseligkeiten los. Durch die Nachtfahrt konnte ich fast einen vollen Tag gewinnen. Aus den negativen Erfahrungen des letzen Jahres mit allzu billigen Filmen hatte ich endlich die richtigen Schlüsse gezogen. Daher verwendete ich schon seit geraumer Zeit den Ektrachrome 19-DIN-Diafilm von Kodak. Dieses war ein recht ordentlicher Film mit guter und neutraler Farbwiedergabe zu einem akzeptablen Preis. In jedem Fall war er wesentlich feinkörniger und auch bei schlechtem Wetter ungleich leistungsfähiger und somit allen Billigprodukten aber auch dem berühmten CT 18-Diafilm von Agfa in allen Disziplinen überlegen.

Zunächst fuhr ich von Neuss mit dem Bahnbus nach Düsseldorf Hbf. Von dort ging es weiter mit einem in Richtung Frankfurt führenden Schnellzug bis Würzburg. Die genauen Fahrtzeiten weiß ich heute nicht mehr, aber um 6.04 Uhr in der Frühe konnte ich mit dem täglich in Richtung Hof verkehrenden Anschlusszug E 1791 weiterfahren. Müde nahm ich das erste hinter der Lok befindliche Abteil in Beschlag. Die Aussicht, ab Bamberg mit einer 01 weiterfahren zu dürfen, ließ eine große Vorfreude bei mir aufkommen. So fieberte ich im Halbschlaf der baldigen Ankunft in Bamberg entgegen.

Um 7.28 Uhr endlich kam der Zug am Bahnsteig zum Halten. Ich packte meine Klamotten und lief nach vorn, um mir den Wechsel von E- auf Dampflok aus der Nähe anzusehen und dabei eine sich vielleicht bietende Gelegenheit zu einer Mitfahrt im Führerstand zu nutzen. Für die ganze Prozedur mit An- und Abkuppeln und Bremsprobe standen gemäß Fahrplan sieben Minuten zur Verfügung. Schon war die abgekuppelte E 10 im Gleisvorfeld verschwunden und eine schwarze Maschine mit zwei Meter hohen Treibrädern – es war die Lokomotive 01 210 mit Neubaukessel – setzte rückwärts an den Zug. Als sich der Meister am Fenster zeigte, fragte ich höflich, ob ich vielleicht ein Stück auf dem Führerstand mitfahren dürfte. Leider hatte ich schlechte Karten, denn meine Bitte wurde wie bisher immer, kurz und bündig abgelehnt. Schade. Also wieder zurück ins Abteil, wo ich das Fenster – damals war dies noch problemlos möglich – weit öffnete. Schon ertönte der Abfahrtpfiff des Aufsichtsbeamten und los ging die Fahrt in den Sommermorgen. Langsam setzte die 01 210 unseren aus sieben Vierachsern bestehenden Eilzug in Bewegung. Im Vergleich zu einer E-Lok dauerte es lange, bis die Dampfmaschine auf Geschwindigkeit gekommen war. Erst im acht Kilometer entfernten Breitengüßbach hatten wir die 100-Kilometer-Marke überschritten. Bei zunehmender Geschwindigkeit machten sich im Reisezugwagen die von dieser zweizylindrigen Schnellzugbaureihe her berühmt-berüchtigten Zuckschwingungen unangenehm bemerkbar. Diese wurden in erster Linie durch die ungenügend ausgeglichenen Triebwerksmassen verursacht. Ab Neuenmarkt-Wirsberg ging es an diesem Tage mit Hilfe einer V 200 in flotter Fahrt über die Schiefe Ebene und gegen 9.35 Uhr erreichten wir Hof Hbf. Mit einem Personenzug fuhr ich zurück nach Schwarzenbach und der Rest des Tages verging mit den ersten Streckenerkundungen. Am nächsten Vormittag holte ich Brian, der mit dem gleichen Zug in Hof eintraf, vom Bahnhof ab.

Am nächsten Morgen wurde es ernst. Schon um 4.15 Uhr riss uns das schreckliche Geräusch des Weckers aus dem vermeintlich kaum begonnenen Schlaf. Am liebsten hätten wir das Instrument aus dem Fenster geschmissen! Nach einer Katzenwäsche schnappten wir unsere abends schon zurechtgelegten Sachen und eilten zu den Fahrrädern. Wir hatten die Qual der Wahl zwischen einem kleinen Klapprad und einem 26er Damenrad. Beide Räder waren ohne

01 173 vor E 1791 an der Steinbrücke bei Neuenmarkt-Wirsberg im Juli 1972

Gangschaltung, ansonsten aber so leidlich in Ordnung. Wer welches Rad bekam, stand eigentlich schon von vornherein fest, denn für Brian kam aufgrund seiner Körpergröße von etwa 1,90 Metern nur das kleine Damenrad infrage. Zwangsläufig fiel mir daher als dem körperlich Kleineren das Klapprad zu. Umgekehrt wäre es gar nicht gegangen. Dabei war Brian eindeutig in der schlechteren Position, denn während ich mit meinem kleinen Rädchen noch ganz gut zurecht kam, hatte er mit dem für seine Größe immer noch viel zu kleinen Damenrad große Schwierigkeiten. Er wusste nicht, wie und wo er seine langen Beine unterbringen sollte. Nun mussten wir uns von Schwarzenbach zur Regensburger Strecke bis nach Martinlamitz eine lange Steigung bergan kämpfen. Mehr als einmal hörte ich Brian hinter mir jämmerlich stöhnen: „This is too much, this is too much!" Trotzdem haben wir unser Pensum – wenn auch manchmal mit Mühe – immer geschafft. Dafür wurden wir aber auch belohnt, denn auf der Regensburger Linie fuhren in kurzer Zeit zwei mit 01 bespannte Personenzüge sowie drei weitere Züge mit der Baureihe 50 vorüber. Den Abschluss des Frühprogramms bildete der mit einer 44 von Weiden kommende, stets sehr pünktlich verkehrende Dg 8052. In der Morgenkühle des beginnenden Tages kamen die Lokomotiven unter einer sehr fotogenen weißen Dampfentwicklung daher. Die Dampffahnen standen, was vor allem für die in Richtung Weiden fahrenden Züge zutraf, teilweise minutenlang über der Strecke. Der P 3215 war der erste Personenzug mit einer 01. Er verkehrte werktags und verließ Hof Hbf bereits um 5.26 Uhr. Um 5.39 Uhr, genau 13 Minuten später, erreichte er planmäßig Martinlamitz, um nach kurzem Halt in Richtung Kirchenlamitz/Marktredwitz weiterzufahren. Ihm folgte der täglich um 6.23 Uhr ab Hof nach Marktredwitz verkehrende, ebenfalls von einer 01 geführte P 3257. Zwischendurch fuhren einige Personenzüge mit der Baureihe 50, davon der von Marktredwitz kommende P 3250 immer Tender voraus.

An dem südlich des Bahnhofs Oberkotzau gelegenen Dörfchen Fattigau gabelten sich die Strecken nach Bamberg und Regensburg. Diese Linien liefen auf dem ersten Stück parallel, wobei die Bahn nach Regensburg in einer deutlich sichtbaren Steigung von 1:150 geführt wurde. Bis zum ersten Haltepunkt Martinlamitz überwand die in Richtung Fichtelgebirge führende Bahnstrecke einen Höhenunterschied von immerhin 33 Metern.

Die mit der Baureihe 01 bespannten Züge wurden damals bereits ausschließlich von der Neubaukesselvariante gefahren. Da die Strecke nach Weiden keine derart steilen Rampen wie die Schiefe Ebene aufwies, waren diese insgesamt eher empfindlichen Maschinen hier besser aufgehoben, denn die 01 mit

01 181 vor E 1649 bei Schwarzenbach/Saale im Juli 1972

01 180 vor D 853 bei Seulbitz im Juli 1972

Neubaukessel waren zwar auf dem Papier um einiges leistungsfähiger als ihre Altbau-Schwestern, genossen aber infolge ihres zu Störungen neigenden Heißdampfreglers, der gänzlich anderen Feuerungstechnik, insbesondere aber aufgrund ihrer Neigung zum Wasserüberreißen keinen sonderlich guten Ruf. Zumindest traf dies auf die Hofer Personale zu. Daher versuchte die Lokleitung des Bw, zumindest für die schwereren Züge von und nach Bamberg, nach Möglichkeit immer eine Altbaumaschine einzusetzen. Ob dieses Dilemma ein auf das Bw Hof begrenztes Problem war, kann ich aus eigener Erfahrung nicht beurteilen. Zumindest kann man den Hofer Personalen eine eingehende Erfahrung mit den über Jahrzehnte dort beheimateten 01-Lokomotiven nicht absprechen, hatte man doch schon 1926 die ersten fabrikneuen Maschinen dieser Baureihe zugewiesen bekommen. Andererseits war man an die Ursprungsausführung gewöhnt, denn Lokomotiven mit Neubaukessel tauchten erst gegen 1967 dort auf.

Zurück zu unserem Tagespensum. Allzuweit durften wir uns von Martinlamitz nicht entfernen, denn spätestens um 6.40 Uhr mussten wir uns wieder auf die Räder schwingen und uns auf die Rückfahrt nach Schwarzenbach begeben. Da es zum Glück den ganzen Weg bergab ging, brauchten wir uns nur wenig anzustrengen. Den um 6.55 Uhr aus Richtung Hof kommenden, 01-geführten E 1622 (Hof–Dortmund) mussten wir aus zeitlichen Gründen regelmäßig in Bahnhofsnähe fotografieren. Anschließend wurden die Fahrräder im Quartier abgestellt, denn schon um 7.18 Uhr lief der P 2814 mit seiner 01 aus Hof ein, mit dem wir an die Bamberger Strecke weiterfuhren.

Auf dieser Linie spielten sich für uns nun die weiteren Aktivitäten des Tages ab. Bis zum späten Nachmittag waren es immerhin zehn 01-geführte Reisezüge, zu denen sich noch mehrere von der Baureihe 50 gezogene, darunter der Nahgüterzug Ng 16825, gesellten. Der Starzug war zweifelsohne der täglich zwischen Hof und Saarbrücken verkehrende D/E 658

01 173 vor E 1791 durchfährt den Bahnhof Oberkotzau im Juli 1972

„Frankenland", der bis Würzburg als Eilzug geführt wurde. Er verließ Hof Hbf um 13.13 Uhr, also zu einer fotografisch recht günstigen Tageszeit. Ziemlich regelmäßig war dieser damals aus neun Schnellzugwagen (36 Achsen) gebildete Reisezug mit der 01 173 bespannt. Ein interessanter Zug war auch der zwischen Neuenmarkt-Wirsberg und Hof von einer 50 geführte, aus vier Reisezugwagen bestehende E 1655. Diese frühere 01-Leistung musste aufgrund ihrer knappen Fahrzeit immer recht flott gefahren werden.

Jeden Tag nahmen wir uns einen anderen Streckenabschnitt an der 53 Kilometer langen Relation zwischen Hof und Neuenmarkt-Wirsberg vor. Der längste Abschnitt mit über zehn Kilometern war der von Münchberg nach Stammbach. Aber auch die jeweils sieben Kilometer langen Abschnitte zwischen den Bahnhöfen Seulbitz und Münchberg sowie von Stammbach nach Falls waren nicht ganz ohne. Zumal während fast der ganzen Zeit eine derart brütende Hitze herrschte, dass bereits um 8 Uhr morgens der Abdampf der Lokomotiven durch die große Kraft der Sonne kaum mehr wahrgenommen werden konnte. Bei unseren Wanderungen am Schienenstrang legten wir ja immer eine wesentlich größere Strecke als die in Bahn-Kilometern gemessenen Entfernungen zurück, da Umwege und die Suche nach Fotopunkten dazukamen. Besonders schlimm erging es uns am 21. Juli 1972, als wir vom Bahnhof Falls nach Stammbach marschierten. Zunächst mussten wir noch einen Abstecher in das etwa zwei Kilometer entfernte Dörfchen Falls machen, um in dem einzigen Krämerladen des Ortes Verpflegung und vor allem Getränke zu kaufen. Da eigentümlicherweise weder Käse noch Wurst vorrätig waren, kauften wir ein Glas Marmelade und ein Brot. Anschließend begannen wir unseren Fußmarsch vorbei an den Dörfern Höflas und Streitau in Richtung Stammbach. Obwohl unser Tagespensum kaum mehr als 15 Kilometer betrug, wurde uns der Marsch bei der fast unerträglich schwül-warmen Hitze bald zur Qual. Motivation und Lust an der Dampflokfotografie sanken fast auf den Nullpunkt und die Versuchung war groß, sich unter einen schattenspendenden Baum zu legen. Auch unser Getränkevorrat reichte nicht lange vor. Als wir gegen 14.45 Uhr mehr mechanisch als begeistert den in Richtung Hof fahrenden, von 01 131 geführten Eilzug E 659 „Frankenland" fotografierten, kündigte sich mit den ersten Quellwolken am Himmel bereits ein nahendes Gewitter an. Mit Müh und Not erreichten wir gegen 18 Uhr gerade noch rechtzeitig den Bahnhof Stammbach, als ein heftiges, mit einem Platzregen verbundenes Unwetter in einer nur selten erlebten Intensität herunterprasselte. Das war eine Erlösung, denn endlich konnten wir wieder durchatmen.

An einem dieser Tage gelang es mir gegen 14 Uhr westlich des Bahnhofs Seulbitz meine erste Zugkreuzung zweier in Fahrt befindlicher Dampfzüge im Bild festhalten. Es handelte sich um die von Maschinen der Baureihe 50 gezogenen Personenzüge P 2819 und P 2828. Ferner geht aus meinen Aufzeichnungen hervor, dass ich zweimal den verspätet aus Richtung Neuenmarkt-Wirsberg kommenden, planmäßig von einer 50 mit 01-Vorspann gezogenen Ng 15397 kurz vor 5 Uhr in der Frühe in der Nähe des Bahnhofs Schwarzenbach beobachtete. Für Fotoaufnahmen war es noch zu dunkel, da sich beide Maschinen vor dem Hintergrund kaum abhoben.

Mehrmals besuchten wir das Bw Hof, das uns immer wieder in den Bann zog. Hier war ständig etwas los und es boten sich immer neue Motive. An einem Tag machten wir einen Abstecher mit dem Zug nach Weiden. Ursprünglich wollten wir uns dafür einen kleinen Fiat 500 mieten, sind aber wieder davon abgekommen. Neben den immer noch im Einsatz befindlichen Tenderloks der Baureihe 64, die vorwiegend im Güter- und Personenverkehr auf der Strecke nach Eslarn fuhren, erwischten wir mehrere Güterzüge mit 44 und 50. Die Krönung des Tages waren eindeutig die beiden um 13.20 Uhr aus dem Bahnhof Neustadt an der Waldnaab gleichzeitig in verschiedene Richtungen ausfahrenden Dampfzüge. Beide Strecken teilten sich erst nach 500 Metern und animierten die Personale oftmals zu Wettfahrten, sofern die Abfahraufträge gleichzeitig erteilt wurden. An diesem Tage handelte es sich um den von 01 211 geführten P 3280 nach Marktredwitz sowie um den mit 64 295 bespannten P 4084 in Richtung Eslarn. Als Tagessieger dieses kleinen Lokomotivrennens ging erwartungsgemäß die infolge ihrer kleineren Treibräder besser beschleunigende 64 hervor.

Während unseres Aufenthaltes trafen wir des Öfteren den mir bereits bekannten Stationsvorsteher des Bahnhof Oberkotzau, Herrn Neudert. Einmal lud er uns abends nach Hause zum Essen ein. Es war eine schöne Zusammenkunft, bei der wir manche uns bisher unbekannte betriebliche Dinge aus erster Hand erfuhren. Um 23 Uhr mussten wir den letzten Bus nach Schwarzenbach erwischen. Als wir leicht verspätet zur Haltestelle eilten, sahen wir nur noch seine

Rücklichter in der Dunkelheit verschwinden. Nun ergaben sich zwei Möglichkeiten: entweder auf den ersten Bus am nächsten Morgen zu warten oder zu laufen. Wir entschieden uns für die letztere Alternative über die unbeleuchtete und völlig dunkle Landstraße, auf der zum Glück nur wenig Verkehr herrschte.

Auch die schöne Zeit unseres Urlaubs ging einmal zu Ende. Während ich in Schwarzenbach blieb, musste Brian nach 15 Tagen wieder zurück nach England. Drei Tage später trat ich die Rückreise an. Zunächst machte ich an der Strecke Aschaffenburg–Miltenberg erneut Station. Für zwei Nächte bezog ich in einem Gasthaus in Klingenberg am Main Quartier. Wie im Vorjahr standen auch jetzt noch die Baureihen 64 und 65 im täglichen Einsatz. Ihre Tage aber waren bereits gezählt und es sollte das letzte Mal sein, dass ich diese Linie besuchte. Zum Schluss ging es nach Saarbrücken, in eine für mich bislang völlig unbekannte Gegend. Dort kam ich erst abends sehr spät an. Ein teures Zimmer in der Großstadt wollte ich für die bereits angebrochene Nacht nicht nehmen. Da die Nacht sehr lau war, machte ich es mir auf einer Bank auf dem Bahnsteig bequem. Kurze Zeit später wurde ich etwas unsanft von einer Streife der Bahnpolizei geweckt. Ich wurde aufgefordert, in den Wartesaal zu gehen. Damit ich es mir nicht vielleicht anders überlegte, lieferte man mich persönlich dort ab. Ich betrat eine ungemütliche, überfüllte und total verqualmte Räumlichkeit. In diesem Bahnhof war es offenbar so Sitte, alle nächtlich unterwegs befindlichen Reisenden und andere Zeitgenossen unterschiedslos zusammenzutreiben bis morgens die ersten Züge wieder fuhren. So etwas wollte ich mir nun doch nicht antun und verließ, kaum dass die Uniformierten den Rücken gekehrt hatten, dieses Gemäuer so schnell wie möglich. Auf einer abseits gelegenen Bahnhofsbank konnte ich schließlich meine Ruhe finden, ohne nochmals belästigt zu werden.

Am nächsten Morgen fuhr ich weiter nach Kleinblittersdorf. Auf der nach Sarreguemines führenden Strecke verkehrten von der Baureihe 23 gezogene Wendezüge. Es war das erste Mal, dass ich solche mit Wendezugeinrichtung versehenen Maschinen zu Gesicht bekam. Die Linie war landschaftlich ziemlich enttäuschend und in einem hohen Maße von Industriebauten durchsetzt. Daher zog ich es vor, dem französischen Bw Sarreguemines einen Besuch abzustatten. Trotz der Grenznähe konnte ich mich mit der deutschen Sprache oftmals nur mühevoll verständigen. Da ich meine geringen Grundkenntnisse der französischen Sprache mittlerweile fast alle vergessen hatte, musste der Bw-Chef einen Dolmetscher holen. In Sarreguemines befanden sich noch einige

Blick von der Bundesstraßenbrücke B 303 an der Schiefen Ebene auf 01 202 mit Dieselschub vor D 853

01 088 vor E 1794 bei Fattigau im Juli 1972. Im Hintergrund ist die Regensburger Strecke zu sehen

01 173 vor E 658 „Frankenland" zwischen Seulbitz und Münchberg im Juli 1972

Eine Lok der Baureihe 50 mit Kabinentender vor P 2819 zwischen Seulbitz und Förbau im Juli 1972

141 R 606 auf der Drehscheibe im Bw Sarreguemines im August 1972

141 R in Betrieb, während die Maschinen der Reihe 140 C sämtlich kalt abgestellt waren. Anschließend wurde es Zeit für die Heimreise. Gemäß Notizbuch legte ich während dieser Zeit genau 2373 Kilometer mit Zügen der DB zurück.

Winter 1972/73

Aus Hof kamen schlimme Nachrichten. Da mein Informant Herrn Neudert war, stammten sie aus zuverlässiger Quelle und konnten leider als verbindlich gewertet werden. Demnach sollte die Baureihe 01 ab dem Sommerfahrplan 1973, zumindest was den Betrieb auf der Bamberger Strecke anbelangte, definitiv durch Dieselloks ersetzt werden. Einmal musste es ja so kommen. Nur noch 13 Maschinen dieser einstigen DB-Schnellzugelite standen dem Bw Hof im Dezember 1972 zur Verfügung. Hiervon wurden pro Tag neun Loks benötigt. Sie legten im Tagesschnitt 389 Kilometer zurück. Die neuanzuliefernden Dieselloks der Baureihe 218 scharrten schon in ihren Startlöchern. Viel Zeit blieb nun nicht mehr übrig, zumal die Gerüchte über den grenzüberschreitenden Verkehr nach Bebra mit der Baureihe 01 5 der Deutschen Reichsbahn ähnlich lauteten. Jetzt fiel mir der Entschluss nicht schwer, Weihnachten und den Jahreswechsel im Raum Hof zu feiern. Warum hatte ich dies nicht schon im Vorjahr getan?

Die Nacht zum 23. Dezember 1972 nutzte ich wieder zur Anreise und erreichte mit der bewährten Verbindung des E 1791 frühmorgens Neuenmarkt-Wirsberg. Ein Quartier hatte ich in dem direkt an den Ausfahrtgleisen nach Hof gelegenen Neuenmarkter Bahnhofshotel Nicklas reservieren lassen. Dieser große Backsteinbau aus dem Jahre 1900 hatte vor der willkürlichen Grenzziehung nach dem Zweiten Weltkrieg wahrlich schon bessere Zeiten gesehen. Das Haus war mittlerweile ziemlich heruntergekommen und renovierungsbedürftig, was offensichtlich wegen fehlender Gäste und zu geringer Einnahmen nicht in die Tat umgesetzt werden konnte. In den letzten Jahren des Dampfbetriebes auf der Schiefen Ebene übernachteten dort hauptsächlich Eisenbahnfreunde, die auf gediegenen Komfort meist wenig Wert legten. Abgesehen von der Bahnhofsnähe bot dieser Ort einen weiteren großen Vorteil: Viele Zimmer besaßen Blick auf die Gleise, sodass man abends und nachts von den vertrauten Dampflokgeräuschen in den Schlaf gewiegt wurde. Geführt wurde der Betrieb von zwei älteren, sehr netten Damen, Frau Berta Nicklas, der Besitzerin, und ihrer Schwester. Während der folgenden Tage war diese Kaserne völlig ausgebucht, wobei auch Notbetten nicht gereicht hätten. Laufend kamen telefonische Anfragen aus allen Teilen der Republik nach Übernachtungsmöglichkeiten, die aber meist abschlägig behandelt werden mussten. Wenn die Damen beschäftigt waren, konnte ich des Öfteren abends diese Anrufe entgegennehmen. Die Übernachtung inklusive eines sehr guten und reichhaltigen Frühstücks mit ausgezeichnetem Bohnenkaffee kostete DM 10,-. Bei diesem Preis nahm man gewisse Unzulänglichkeiten, wie die kaum als funktionsfähig zu bezeichnende Heizung, gerne in Kauf. Wenn ich mich recht entsinne, waren in den Fremdenzimmern nur Radiatoren aufgestellt. Da die Elektroinstallation des Hauses auf eine derart große Zahl an Verbrauchsstellen nicht ausgelegt war, flogen bei gleichzeitiger Inbetriebnahme der Radiatoren die Sicherungen wegen Überlastung heraus. Dann ging gar nichts mehr. So manches Mal mussten wir in mehr oder weniger ungeheizten Zimmern schlafen, und das bei einer Außentemperatur von teilweise 15 Minusgraden und mehr. Fast jeder zog sich Unterhemd und lange Unterhosen unter den Pyjama und bibberte trotzdem noch vor Kälte. Da ich in dieser Hinsicht kaum empfindlich bin, machte mir das überhaupt nichts aus und ich schlief sogar mit nacktem Oberkörper. Ich zog mir einfach die Decke bis über die Ohren und habe immer bestens geschlafen. Morgens versammelten sich alle Bewohner des Hauses zum gemeinsamen Frühstück im Wohnzimmer der beiden Damen. Da es die Wintermonate so an sich hatten, dass es erst sehr spät hell wurde, hatten wir jetzt Zeit dafür. Wir ließen uns Kaffee und Brötchen gut schmecken, tauschten Tipps und Erfahrungen aus und trafen die für den Tag nötigen Absprachen.

In diesem Haus traf sich alles, was unter uns Eisenbahnfreunden Rang und Namen hatte. Auch ich hatte verschiedene Verabredungen mit einigen mir schon seit längerer Zeit bekannten Hobbykollegen getroffen. Da war zunächst Burkhard Wollny mit der Stuttgart/Ulmer-Gruppe und Ulli Winterhoff aus Brügge bei Lüdenscheid. Letzteren hatte ich erstmals im Mai 1971 in Horb kennengelernt. Ein gemeinsamer Dampfurlaub war bisher aber immer wieder daran gescheitert, dass wir niemals zur gleichen Zeit Urlaub bekommen konnten. Nun sollte es endlich einmal klappen.

Der Aufenthalt selbst gestaltete sich überaus erfolgreich und wohl jeder kam dabei voll auf seine Kosten. Das Wetter war an allen Tagen ausgezeichnet. Es war zwar bitterkalt – am Tage zwischen 8 und 10 Grad minus bei starkem Ostwind – aber es schien immer die Sonne. Ein wenig Schnee hätte uns wohl noch gefehlt, um das Glück vollkommen zu machen. Aber für Niederschläge war es zu kalt und es fehlte die Westströmung. Unzählige Eisenbahnfreunde befanden sich an Bahnhöfen und Strecke, denn das baldige Ende der 01 hatte sich fast überall herumgesprochen. Auf jeden Fall standen so viele Fahrzeuge zur Verfügung, dass niemand bei der Kälte zu Streckenwanderungen gezwungen war. Man half sich kameradschaftlich untereinander und so ergab sich für jeden Fußgänger immer eine Mitfahrgelegenheit. Ich hatte mich mit Hans-Jürgen Eggerstedt aus Schleswig-Holstein angefreundet und fuhr häufig – ebenso wie Ulli Winterhoff – in seinem BMW 1600 mit. Dank Motorisierung konnten wir so manchen Zug zwei-, mit viel Glück auch dreimal erwischen. Obligatorisch war die Verfolgung des „Frankenland" in Richtung Bamberg. Diese begann in der Regel bei Poppenreuth, wenn sich die beiden Maschinen mit ihrem schweren Zug in zügiger Fahrt über die lange Steigung westlich Münchbergs kämpften. Dann ging es in Richtung Autobahn, um ihn nach dem Halt in Neuenmarkt-Wirsberg im Raum Untersteinach/Kauerndorf noch einmal zu erwischen. Mehr war bei diesem verhältnismäßig schnellen Zug keinesfalls drin und trödeln durfte man dabei auch nicht. Manchmal mussten Ulli und ich – wir beiden Nichtautofahrer – unseren Lenker dazu animieren, vor allem auf der Autobahn ein wenig mehr den Regler zu öffnen, sprich aufs Gaspedal zu treten!

Die Baureihe 01 befand sich an den Festtagen im Großeinsatz, da verschiedene Entlastungs- bzw. verstärkte Züge gefahren werden mussten. Auch dieses Mal war der „Frankenland" der Zug des Tages, zumal er wegen Überlast (44 bis 48 Achsen) stets zwei 01-Lokomotiven benötigte. Seit Beginn des Winterfahrplans 1972/73 fuhr er sowieso in der Regel mit doppelter Bespannung, da die teilweise 1:100 starke Steigung auf dem Abschnitt zwischen Münchberg und Schödlas einer Maschine mitunter zu sehr zu schaffen machte, vor allem dann, wenn eine Lok mit Neubaukessel mit dieser Aufgabe betraut werden musste. Umlaufbedingt kam dann in der Gegenrichtung der E 1649 ebenfalls mit zwei Maschinen. Auch der meist gut ausgelastete Nahgüterzug Ng 16825, der an Werktagen zwischen Lichtenfels und Hof verkehrte, bot auf den starken Steigungen der Strecke ein besonderes Spektakel. Auf der Schiefen Ebene musste er fast regelmäßig nachgeschoben werden. Wenn der Zug besonders schwer war, verwendete man hin und wieder auch eine V 100 als Vorspannmaschine.

01 173 vor E 1791 bei Fattigau im Dezember 1972

01 088 und 01 211 vor E 658 „Frankenland" bei Poppenreuth zwischen Münchberg und Stammbach im Dezember 1972

Nachschuss auf die beiden Maschinen

An Festtagen war es gemäß alter Eisenbahnersitte oftmals üblich, die Maschinen mit Kreideaufschriften wie „Frohes Fest", „Prosit Neujahr" und Ähnlichem an Rauchkammer oder Tender zu versehen. Manchmal waren auch Eisenbahnfreunde hierfür die Verursacher. Am letzten Tag des Jahres beteiligte auch ich mich daran. In der Lokleitung erfuhr ich, dass an diesem Tage die 01 202 als Vorspann des E 658 fahren sollte. Ich organisierte ein Stück Kreide und dekorierte die Maschine mit der zutreffenden Rauchkammeraufschrift „Frankenland". Bei der anschließenden Zugverfolgung mit dem Pkw war entweder der Zug so schnell oder wir so langsam, dass wir ihn nur mit Müh und Not ein zweites Mal an einem Bahnübergang bei Untersteinach erwischten. Wir konnten nur noch aus dem Auto hechten und aufs Geratewohl auf den Auslöser drücken. Da meine Kamera keine Automatik besaß, war mein Bild stark unterbelichtet. Bei den zum Teil recht hektischen Zugverfolgungen zog ich mir leider eine recht schmerzhafte Bänderdehnung am rechten Fuß zu, als ich während des Laufens in einer Bodenunebenheit stolperte und mich prompt auf die Nase legte. So wurde ich noch einige Wochen später an diesen ansonsten sehr ertragreichen Eisenbahnurlaub erinnert.

Auch wenn mir der Abschied sehr schwer fiel, musste ich am Neujahrstag 1973 leider mit dem „Frankenland" wieder heimwärts fahren, denn am nächsten Tag wartete die Maloche auf mich. Während der Feiertage war es öfter vorgekommen, dass dieser Zug in zwei Teilen gefahren werden musste. Das kam immer dann zum Tragen, wenn sich die in Hof beizustellenden Reichsbahn-Kurswagen verspätet hatten. So war es auch an diesem Tage, an dem die Neubaukessellok 01 180 den aus nur fünf Wagen bestehenden Hauptzug E 658 bespannte, hingegen der E 12852 mit den nachzuführenden sieben Reichsbahnwagen von 01 211 gezogen wurde. Mit viel Glück fand ich in dem völlig überfüllten Zug noch einen Fensterplatz und hatte Muße, die Fahrt mit der 01 aus dem Reisezugwagen zu genießen aber auch kritisch zu betrachten. Trotz des verhältnismäßig geringen Zuggewichts dauerte es nach jedem Halt immer unendlich lange und zog sich über viele Kilometer hin, bis die Maschine den Zug wieder auf Geschwindigkeit gebracht hatte. Das gab mir doch sehr zu denken, denn bei aller Begeisterung für die Dampftraktion musste ich mir eingestehen, dass diese technisch überholt war und sich vor allem mit der elektrischen Traktion in keiner Weise messen konnte. Um wie vieles schneller und einfacher wäre es doch mit einer E-Lok gegangen!

86 809 auf der Drehscheibe des Bw Hof im Mai 1973

Zu Hause angekommen empfing mich eine unerwartete Eiseskälte in der Wohnung. Das hatte auch seinen Grund, denn aus falscher Sparsamkeit und auf das durchweg milde Klima im Rheinland vertrauend, hatte ich vor Antritt der Reise die Heizung abgestellt. Nun war es auch hier kalt geworden und über die in den Räumlichkeiten herrschenden mauen sechs Plusgrade brauchte ich mich nicht zu wundern. Mein Fahrtenbuch wies in diesem Urlaub 1120 Bahnkilometer aus.

Mai 1973 – Das 01-Finale

Für das Jahr 1972 konnte ich folgende Bilanz ziehen: Insgesamt 56 Tage des verflossenen Jahres hatte ich mich an den Schienensträngen der Deutschen Bundesbahn herumgetrieben, dabei 43 Diafilme verbraten und genau 7058 Kilometer – ausschließlich mit der Bahn und ohne Autofahrten – zurückgelegt. Dass das neue Jahr weitere Steigerungen in dieser Hinsicht bringen sollte, hatte ich mir in Anbetracht der zunehmend schneller schwindenden Dampflokbestände fest vorgenommen.

Neben einigen Emslandfahrten standen zunächst zwei Fahrten zur 01 5 nach Bebra/Hönebach auf dem Programm, denn auch hier sollte zum Sommerfahrplan mit dem Dampfbetrieb Schluss sein. Dafür nutzte ich die Ostertage und das verlängerte Wochenende über den 1. Mai. Den Jahresurlaub wollte ich ursprünglich schon sehr zeitig im Mai antreten. Ein fernreisefreudiger Arbeitskollege aber hatte auch diesbezügliche Wünsche angemeldet. So trafen wir den auch für mich noch akzeptablen Kompromiss, dass er in der ersten, ich in der zweiten Maihälfte fahren durfte. Dadurch kriegte ich immerhin noch die zwei letzten Wochen des Dampfbetriebs in Hof mit.

Lokomotiven der Baureihe 50 vor dem Schuppen des Bw Hof im Mai 1973

Bei den zwangsläufig in die Sommerfahrplanperiode auf Anfang Juni zu verlegenden Besuche im Großraum Crailsheim waren wesentliche Einschränkungen des Dampfbetriebs vermutlich nicht zu erwarten. Ein Nachteil bestand allerdings darin, dass ich die Unterlagen für den Sommerfahrplan noch nicht besaß und die Fahrzeiten der Dampfzüge daher nicht ausarbeiten konnte. Aber irgendwie würde das schon gehen.

In den letzten Wochen hatte mir das Diafilmmaterial zunehmend Kopfzerbrechen bereitet. Denn die Emulsion des bisher recht ordentlichen 19-DIN-Films von Kodak zeigte immer öfter einen starken, sehr unschönen Grünstich. Da die Farben zum Teil schauderhaft aussahen, war ich zunächst völlig ratlos, welches Material ich nun verwenden sollte, denn allzu teuer durfte es ja auch nicht sein, sodass der exzellente 15-DIN-Kodak-Film außerhalb der Wertung lag. Als vermeintlich halbwegs tragbaren Kompromiss entschied ich mich schließlich für den Agfa CT 18. Bei Sonne brachte dieser von sehr vielen Eisenbahnfreunden verwendete Film ja noch ganz brauchbare Ergebnisse. Nebenbei bemerkt hatte ich seit Februar 1973 zusätzlich mit dem Schmalfilmen begonnen. Nun waren zwei Geräte gleichzeitig zu bedienen und immer ein Stativ mit durch die Gegend zu schleppen.

Da ich mit Hans-Jürgen Eggerstedt über Weihnachten recht gut zusammengearbeitet hatte, verabredete ich mich mit ihm und buchte erneut das vom Sommer 1972 bewährte Zimmer im Gasthof Neustadt in Schwarzenbach/Saale. Der Übernachtungspreis war zwar auf DM 6,- gestiegen, trotzdem aber immer noch recht annehmbar. Die Nacht vom 18. auf den 19. Mai 1973 bedeutete für mich die Anreise ins Einsatzgebiet. In Würzburg bestieg ich den E 1791, der in Bamberg wie üblich auf Dampf umgespannt wurde. An diesem Morgen hatte 01 088 mit Altbaukessel die Aufgabe, die Weiterbeförderung des Zuges nach Hof zu übernehmen. Gepflegt wirkte diese von einer zentimeterdicken Russ- und Ölschicht überzogene Lokomotive weiß Gott nicht mehr. Sie hatte jeden Glanz verloren und es gehörte schon ein gehöriges Maß an Fantasie dazu, noch irgendwelche roten Farbüberreste am Triebwerk zu entdecken. Kein Wunder, dass die Maschinen kaum mehr gepflegt wurden, denn in weniger als zwei Wochen sollte ihr Plandienst ja zuende gehen und sie aufs Abstellgleis geschoben werden.

Gerne wollte ich noch einmal auf dem Führerstand einer 01 mitfahren. Leider war offiziell auch bei der nun für das Bw Hof zuständigen Bundesbahndirektion Nürnberg nichts zu machen. Aus personalwirtschaftlichen Gründen war meine Bitte, auf der Zuglok des E 1791 anlässlich meiner Anreise zum Sommerurlaub 1972 von Bamberg nach Hof mitfahren zu dürfen, mit Schreiben vom 31. Mai 1972 abgelehnt worden. Meine einzige Hoffnung bestand darin, es auf dem so oft bewährten Obergefreitenweg zu versuchen. Große Chancen rechnete ich mir auf-

01 180 vor E 1791 zwischen Schwarzenbach und Fattigau im Mai 1973

grund der bisher mit den hiesigen Personalen gemachten Erfahrungen allerdings nicht aus. Andererseits – viele Gelegenheiten, auf einer 01 mitzufahren, würde ich mit Sicherheit nicht mehr haben. Leider kam ich auch dieses Mal nicht zum Zuge, denn der Meister lehnte strikt und ziemlich unwirsch ab. Auch der Heizer musste mit der Bemerkung „...dafür sind schon einige Blaue geboten worden!" seinen Senf noch dazugeben. Ich war ob dieses höhnischen Tones ziemlich sauer, denn das hätte man auch etwas höflicher ausdrücken können. Also blieb mir auch dieses Mal nur der Fahrtgenuss aus dem Abteilfenster übrig. In Hof Hbf erwartete mich Hans-Jürgen schon am Bahnsteig. Kaum hatte ich mich und mein Gepäck in seinem türkisfarbenen BMW verstaut, ging es schon los.

Zu dieser Zeit befanden sich noch ganze acht Maschinen der Baureihe 01 im Einsatzdienst. Es waren die Lokomotiven 01 008, 088, 111, 131, 150, 168, 173 und 180. Lediglich 01 131 und 180 besaßen einen Neubaukessel. Dieser Bestand reichte gerade noch für die Bespannung der wichtigsten Eil- und D-Züge auf der Bamberger Strecke aus. E 658 und E 1649 fuhren wie bisher in Doppelbespannung. Der Personenzugverkehr war mittlerweile fast gänzlich an die Güterzug-Baureihe 50 gefallen, da zu wenig Schnellzugmaschinen zur Verfügung standen. Zum Glück gab es von diesem unscheinbaren Arbeitspferd in diesem Raum noch eine genügend große Zahl. So wurde die 01 immerhin noch durch eine Dampflok und nicht, wie andernorts meist üblich, durch die Dieseltraktion ersetzt.

Dadurch war das Dampfvergnügen noch fast vollkommen und wir kamen hier wieder voll auf unsere Kosten. Nur das Wetter zeigte sich sehr unbeständig. Vor allem für die vielen Frühzüge des Berufsverkehrs schien nur selten die Sonne. Besonders Hans-Jürgen verdross dies manchmal sehr. Das bedeckte Wetter mit seinem in einem betonfarbenen Einheitsgrau gefärbten Himmel konnte einem allerdings tatsächlich ganz schön auf den Wecker gehen. Ohne Rücksicht auf Verluste nahmen wir uns trotz allem jeden Morgen die Frühzüge in der Nähe des Dörfchens Fattigau vor, wobei wir dieses Mal bequem und ohne zu radeln mit dem Wagen zwischen der Regensburger und der Bamberger Strecke pendeln konnten. So konnten wir ein letztes Mal Dampfbetrieb pur in dieser Region erleben. Das regelmäßig frühe Aufstehen gegen 4.30 Uhr lohnte sich allemal, denn dadurch hatten wir bis gegen 9 Uhr morgens bereits zehn Dampfzüge im Sack, und das zu einer Tageszeit, zu der manche frühstückenden Kollegen erst mit ihrem fotografischen Tagewerk begannen. Wenngleich sich das Wetter auch im Laufe des Tages oftmals aufhellte – trauen konnte man ihm nie. So warteten wir eines nachmittags frohgemut bei strahlendem Sonnenschein in der Nähe des Dorfes Schödlas auf den doppelbespannten E 1649 aus Richtung Bamberg. Nur ein winziges Wölkchen – kaum größer als der Sonnenball selbst – befand sich am Himmel. Diesem gelang es tatsächlich auf irgendeine Weise, sich gerade in dem Moment, als die Lokomotiven in den Auslösungsbereich der Kamera hineinfuhren, vor die Sonne zu schieben, sodass der ganze Zug im Schatten lag. Kaum war der letzte Wagen vorbei, war wieder schönster Sonnenschein. Hans-Jürgen war einem Nervenzusammenbruch nahe. Eines morgens war der E 1791 verspätet und zudem noch auffallend kurz. Der Grund: Ein Kurswagen war nicht pünktlich eingetroffen. Gut eine halbe Stunde später wurde dieser einzelne Reisezugwagen von 01 173 nachgeführt.

Natürlich habe ich in der kurzen Zeit auch ausgiebig gefilmt und trotz aller Fragmente ist mir doch noch manche schöne Szene gelungen, die ich mir immer wieder gerne mal ansehe. Die Technik, zwei Geräte gleichzeitig mit Erfolg zu bedienen, musste ich mir allerdings erst aneignen. Dies gelang mir aber schneller als ich anfangs befürchtet hatte.

In den Zugpausen besuchten wir verschiedentlich auch die über Feilitzsch zum DDR-Grenzübergang Gutenfürst führende Strecke. Im Reisezugverkehr kamen auf diesem Abschnitt Dieselloks der Reichsbahn-Baureihe V 180 zum Einsatz. Mittlerweile sind auch diese Maschinen schon lange Geschichte. Leider sind die Zeiten, in denen die Dampflok-Baureihe 22 im grenzüberschreitenden Verkehr nach Hof ein-

01 168 vor E 1794 bei Pulschnitzberg auf dem Abschnitt von Münchberg nach Stammbach im Mai 1973

Eine Lok der Baureihe 44 auf dem Viadukt bei Unterkotzau im Mai 1973

gesetzt wurde, schon seit mehreren Jahren vorbei. Im Güterverkehr konnte man mit etwas Glück noch Bundesbahn 44er antreffen. Ein besonders schönes Motiv bot der bei Unterkotzau gelegene große Regnitz-Viadukt mit seinen Spitzbögen.

Besonders nachmittags, wenn mehrere von 44 geführte Güterzüge sowie einige Personen- und Güterzüge mit 50 verkehrten, fuhren wir hin und wieder auch an die Regensburger Strecke und erkundeten die Gegend von Kirchenlamitz, Marktleuthen und Röslau. Überall wimmelte es von unentdeckten herrlichen landschaftlichen Motiven. Diese Linie stand ganz zu Unrecht im Schatten der Bamberger Strecke und ich kann mich nicht entsinnen, jemals dort einen Fotografen gesichtet zu haben. Im Nachhinein bedauere ich es sehr, nicht mindestens eine volle Woche einzig und allein an dieser einmalig schönen Bahn – selbst wenn dies zu Lasten der Bamberger Linie gegangen wäre – verbracht zu haben!

Schneller als erwartet rückte das Ende des Winterfahrplans und damit auch die letzten Betriebstage der Baureihe 01 heran. Erwartungsgemäß stand insbesondere die Bamberger Strecke – hier vor allem die Schiefe Ebene selbst – im Zentrum des Interesses und war von Dampflokfreunden aus nah und fern stark frequentiert. Jetzt traf man Fotografen auch an vielen weniger geläufigen Fotopunkten, an denen man früher nie jemanden gesichtet hatte. Mit ein Grund für diesen bisher unbekannt großen Besucherstrom war zweifelsohne die in diesem Jahr in Hof stattfindende Tagung des Bundesverbandes Deutscher Eisenbahnfreunde (BDEF). Auf der Lokparade wurden unter anderem auch 01 180 und 01 202 ausgestellt. In diesem Zusammenhang verkehrten mehrere Sonderzüge, die stets bis auf den letzten Platz gefüllt waren. Der spektakulärste Höhepunkt war ohne Zweifel der völlig ausgebuchte, am Samstag, den 2. Juni 1973 – dem letzten Tag des Winterfahrplans – gefahrene, 580 t schwere, überwiegend aus Reichsbahn-Eilzugwagen bestehende 14-Wagen-Gesellschafts-Sonderzug E 23408 und E 23409 „Oberfranken-Express". Diesen Zug verfolgten auch wir mit dem Auto. Trotz seines hohen Zuggewichts beförderte 01 173 ihn anstandslos und in zügiger Fahrweise von Hof über Marktredwitz bis Kirchenlaibach über die langen Steigungen und durfte dabei noch einmal zeigen, was in ihr steckte. Von dort ging es mit 64 415 und 86 809 über Bayreuth nach Neuenmarkt-Wirsberg. Diese beiden Lokomotiven hatten wir bereits am Vortag als Lz auf der Verlegungsfahrt von Hof nach Kir-

01 150 vor D 854 bei Seulbitz im Mai 1973

Eine Lok der Baureihe 50 mit Kabinentender vor P 2808 bei Fattigau im Mai 1973

01-Alt- und Neubaukessel vor E 1649 bei Seulbitz im Mai 1973

chenlaibach bei Fattigau erwischt. Zur Fahrt über die Schiefe Ebene übernahmen die beiden Altbaukesselmaschinen 01 111 als Vorspann- und 01 173 als Zuglok mit 86 809 als Schublok die Garnitur bis Marktschorgast. Dort fand eine sehr umlagerte Scheinanfahrt statt. Anschließend beförderten die beiden 01 den Sonderzug ohne zusätzliche Hilfe nach Hof. Am gleichen Abend wurde 01 168 die Ehre zuteil, mit dem E 1799 den letzten planmäßig von einer 01 geführten Zug über die Schiefe Ebene zu führen.

Bereits am folgenden Tag übernahmen fabrikneu an das Bw Regensburg gelieferte Seriendieselloks der Reihe 218, vereinzelt aber auch Hofer 50, sämtliche Planeinsätze der 01. Die Ablösung dieser bekanntesten deutschen Schnellzugbaureihe durch die schrittweise Verdieselung war bereits ab 1967 eingeleitet worden. Das kam darin zum Ausdruck, dass zunächst die letzten Schnellzugleistungen nach Stuttgart, später auch die nach Nürnberg und Regensburg wegfielen. Von den Eisenbahnfreunden blieben diese Einschränkungen weitgehend unbemerkt, da sich bei den hauptsächlich im Blickfeld liegenden Bespannungen nach Bamberg bis zuletzt kaum etwas änderte. Aufgrund des sehr knappen Bestandes an 218 wurden für die neu beginnende Fahrplanperiode noch einige betriebsfähige 01 als Reserve vorgehalten. Es handelte sich um 01 008, 111, 150 und 173, sämtlich Maschinen mit Altbaukessel. Für diese Lokomotiven wurde mit einem Personenzugpaar ein eintägiger Umlauf zwischen Hof und Regensburg eingerichtet. Diese Maschinen fungierten gleichfalls für Sonderdienste bzw. als Dieselersatz, der verschiedentlich auch in Anspruch genommen werden musste. Meines Wissens erfolgte ein letzter derartiger Einsatz über die Schiefe Ebene sogar noch am 8. Oktober 1973, als kurioserweise 01 008, die mit Abstand älteste Maschine, zwischen Hof und Bamberg jeweils eine Hin- und Rückleistung zu vollbringen hatte. Da solche erst im Nachhinein bekannt gewordenen Einsätze zwangsläufig immer erst ganz

64 415 vor Ng 16 185 Ausfahrt Floss am 3. Juni 1973

kurzfristig anfielen, ist es mir nicht bekannt, ob es jemals einem Eisenbahnfreund vergönnt war, eine derartige außerplanmäßige Bespannung rein zufällig vor die Linse zu bekommen. Ansonsten war der planmäßige Einsatz dieser Baureihe auf dieser Strecke beendet. Der Baureihe 50 hingegen war es vergönnt, die Fahne im Personen- und Güterzugdienst zumindest noch für eine gewisse Zeit hoch zu halten.

Bereits am 3. Juni 1973 brachen wir unsere Zelte in Hof ab und fuhren an die Nebenstrecke Weiden–Eslarn. Leider war auf dieser landschaftlich sehr reizvollen Bahn der Personenverkehr mit der Baureihe 64 ebenfalls zum Fahrplanwechsel eingestellt worden. Ein werktägliches Nahgüterzugpaar von Weiden nach Eslarn und zurück – Ng 16185 und 19196 – war zum Glück noch geblieben. Dieses waren die letzten Planleistungen, die diese Baureihe bei der DB noch zu vollbringen hatte. Da sich der morgendliche Ng ab Weiden bereits gegen 5 Uhr auf den Weg machte, konnten wir auch jetzt nicht länger schlafen. Er eignete sich sehr gut für Zugverfolgungen, da viele Halte mit ausgiebigem Rangieren eingelegt wurden. An zwei Tagen genossen wir das Idyll der von 64 415 gezogenen Dampfzüge auf dieser romantischen kleinen Nebenbahn. Eine ganze Reihe Schmalfilmszenen sind dabei ebenfalls entstanden. Hin und wieder war dabei die Kameraführung nicht optimal, denn das hatten Zugverfolgungen so an sich. Abends suchten wir uns in einem Gasthaus in Floß ein Quartier. Ein weiterer Anziehungspunkt während dieser Tage waren die letzten beiden mit 01 bespannten Personenzüge zwischen Hof und Regensburg, denen wir mehrmals mit der Kamera auflauerten.

Am 5. Juni nahmen wir endgültig Abschied von der Oberpfälzer Region und damit auch von Oberfranken. Unsere Weiterfahrt führte uns zunächst an die östlich von Nürnberg gelegene lange Steigung zwischen Hartmannshof und Neukirchen bei Sulzbach-Rosenberg. Auf dieser in Richtung Weiden führenden Strecke gab es noch fast alles, was ein Dampflokfreund begehrte: von der Baureihe 50 geführte Personenzüge sowie meist gut ausgelastete Güterzüge mit 44 und 50. Bei besonders großen Zuglasten wurde entweder in Doppeltraktion oder auch mit Schub gefahren. Der Hauptgrund für den starken Güterverkehr war die Maxhütte, das große, mittlerweile stillgelegte Stahlwerk in Neukirchen, dessen Öfen mit Erz versorgt werden mussten.

Zwei Tage später verlegten wir unser Quartier nach Crailsheim, um den dort noch herrschenden reichhaltigen Dampfbetrieb aufs Korn zu nehmen. Gute und motivreiche Fotopunkte gab es fast überall an den zahlreichen, von diesem Verkehrsknoten ausgehenden Strecken. Hier operierten Loks der Baureihen 23, 44 und 50. Während Hans-Jürgen nach einer Woche wieder nach Hause fahren musste, blieb ich insgesamt zwölf Tage in dem neuen Crailsheimer Quartier. Am 20. Juni musste auch ich wieder heimwärts und ein insgesamt 33-tägiger Dampfurlaub, der neben den vielen Mitfahr-Kilometern im Pkw auch 1573 Eisenbahn-Kilometer beinhaltet hatte, war zu Ende.

100 Jahre Montafoner Bahn

Nutzung der Wasserkraft zur Elektrotraktion

von Klaus-Uwe Hölscher

Vorarlberg ist das westlichste Bundesland Österreichs. Seine Landeshauptstadt Bregenz liegt am Bodensee und ist bekannt durch die Bregenzer Festspiele. Im Westen schließen sich das Fürstentum Liechtenstein und die Schweiz an. Von Schruns, dem Sitz der Montafoner Bahn, führt die Bundesstraße 188 bis Partenen, dann steigt die Silvretta-Hochalpenstraße in 35 Kehren hinauf zur Bielerhöhe und zum Silvretta Stausee in über 2000 m Höhe. Diese mautpflichtige Strecke reicht bis Galtür und bietet ein grandioses Alpenpanorama.

Auch die Eisenbahn hat schon früh das Land Vorarlberg erschlossen. So wurde bereits 1884 die Bahnstrecke von Feldkirch über Bludenz nach Landeck in Tirol durch Kaiser Franz Joseph eröffnet. Daran erinnert ein Denkmal am neu gestalteten Bahnhof Sankt Anton in Vorarlberg, das von einem Tunnelportal der Gründungszeit stammt.

Das Montafon (von lateinisch mons = der Berg und fons = die Quelle) ist das Gebiet zwischen Bludenz und der Bielerhöhe. Nach ihm ist die Montafoner Bahn Schruns (MBS) benannt, die im April 2005 ihr 100-jähriges Bestehen feiern konnte. Sie hat in Bludenz Anschluss an die Österreichische Bundesbahn (ÖBB) und besitzt bis zur Endstation Schruns eine Streckenlänge von 12,7 km.

Beförderungsleistungen

Insbesondere für den Tourismus hat die MBS eine hohe Bedeutung, was in den Beförderungsleistungen zum Ausdruck kommt. Laut Geschäftsbericht wurden im Jahre 2004 insgesamt 1 159 545 Personen befördert, das Transportvolumen im Güterverkehr betrug 213 225 Nettotonnen. Hauptkunde ist das Zement-

Verwaltungsgebäude, Remise und Bahnsteig in Schruns als Modell nachgebaut

Remise im Bahnhof Schruns mit Diesellok 10.016, Turmtriebwagen und historischem Büfettwagen

Bahnhofsgebäude der Montafoner Bahn in Schruns: im Hintergrund die Mittagsspitze

1 Moderne Architektur, die sich gut in die Landschaft einfügt: Litzkraftwerk in Schruns als Stromversorger für die Montafoner Bahn 2 Nutzung der Wasserkraft zur Energieerzeugung: mächtige Rohrleitungen führen hinab zu den Illwerken in Schruns 3 Turbinen und Generatoren im Litzkraftwerk erzeugen Elektrizität aus Wasserkraft 4 Mittlerweile ein Technikdenkmal: altes Litzkraftwerk in Schruns mit historischen Generatoren 5 Peltonlaufrad einer Freistrahlturbine in Tschagguns: von 1937 bis 1980 in Betrieb, Leistung 4200 kW

werk der Firma Holcim GmbH in Lorüns bei Bludenz. Einige Triebwagen der MBS tragen daher das Logo dieser Firma.

Bereits 1890 fasste die Standesvertretung des Montafons konkrete Beschlüsse für den Bau der Montafoner Bahn. So wurden durch den kaiserlich-königlichen Handelsminister die technischen Vorarbeiten für eine „schmalspurige Lokalbahn Bludenz–Schruns" bewilligt. Mit der bekannten Berliner Firma Siemens & Halske wurde 1893 ein Vertrag abgeschlossen, der zum Bau der Montafoner Bahn und dem dazu erforderlichen Elektrizitätswerk führen sollte. Offensichtlich ergaben sich jedoch Probleme und man stützte sich lieber auf einheimische Kräfte und Initiativen. 1895 hatten die Mühlenbesitzer Robert und Wilhelm Mayer am Litzbach in Schruns ein privates Elektrizitätswerk errichtet. Dies wurde 1904 von der in Gründung befindlichen Aktiengesellschaft der Montafoner Bahn gekauft. Somit war die Energieversorgung der späteren Bahn durch ein Wasserkraftwerk vor Ort gesichert.

Entscheidung für Normalspur

Bemerkenswert sind die langen Auseinandersetzungen hinsichtlich der Ausführung der MBS als Straßenbahn, Schmalspur- oder Normalspurbahn. Nachdem man Aktienkapital in Höhe von 1 360 000 Kronen erworben hatte, entschied man sich schließlich für eine „normalspurige, elektrisch zu betreibende Lokalbahn von Bludenz nach Schruns". Im Jahre 1905 wurde die Montafoner Bahn durch die k.k. Staatsbahndirektion Innsbruck eröffnet. Die Traktion erfolgte mit 650 V Gleichspannung. Sicherlich war der damalige Entschluss für Normalspurbetrieb durchaus weitsichtig und zukunftsorientiert. Vermutlich hätte sich die MBS als Schmalspurbahn mit Regelzugbetrieb nicht bis heute erfolgreich behaupten können.

Zur Eröffnung der Bahn schreibt Hans Waldburger („Aus der Geschichte der Montafoner Bahn Bludenz–Schruns", Schweizer Eisenbahn-Revue Heft 1/2, 1991): „Das Eröffnungsfest gestaltete sich sehr froh; dagegen verzichtete man nach Rückfragen bei den früher eröffneten Lokalbahnen in Vorarlberg (Bregenzerwald und Dornbirn-Lustenau) ebenfalls auf eine kirchliche Einsegnung der Bahn. In der langen Reihe der Festredner war indessen auch der Pfarrer von Schruns vertreten. Bevor man beim Festbankett in Schruns der vorzüglichen Küche und dem goldenen Rebensaft zusprach, verfehlte man es nicht, noch ein Huldigungstelegramm an Seine Majestät den Kaiser abzusenden."

Oft Schäden durch Hochwasser

Lässt man die Geschichte der MBS Revue passieren, fällt auf, dass der Betrieb der Bahn häufig durch Hochwasser gestört oder sogar für längere Zeit unterbrochen wurde. In der Zeit zwischen 1906 und 1912 verzeichnet die Chronik mehrere beträchtliche Hochwasserschäden. 1910 wurde der Bahnkörper auf 7 km zerstört und der Betrieb war längere Zeit nicht möglich. Erst nach teilweiser Neutrassierung war die Strecke wieder befahrbar, zeitweise musste man sich wegen Ausfall der Elektrizität mit Dampftraktion mit geliehenen Lokomotiven aushelfen. Ursache für diese Störungen war der oft Hochwasser führende Fluss Ill, der in Tschagguns durch den Litzbach gespeist wird. Hinzu kamen Geröll- und Murenabgänge, die den Bahnbetrieb behinderten.

Die ursprünglich dampfbetriebene Arlbergbahn von Bregenz über Bludenz nach Landeck wurde 1924 elektrifiziert und mit 15 kV Einphasenwechselstrom 16 2/3 Hz betrieben. Um in Bludenz keine Probleme beim Anschluss zu haben, wurde die Montafon-Gleichstromfahrleitung im Bahnhof Bludenz abgebaut. Die Ein- und Ausfahrten der Montafoner Bahnzüge wurden zuerst mit einer Dampflokomotive der Staatsbahnen bewerkstelligt, dann mit einem Akkumulatoren-Anhängewagen, der die elektrischen Triebfahrzeuge über ein Steckkabel im Bahnhof Bludenz mit Gleichstrom versorgte und schließlich durch Hilfsaggregate, bestehend aus Benzinmotor und Gleichstromdynamo.

Regionalzug Montafon nach Bludenz fertig zur Abfahrt im Bahnhof Schruns

City Shuttle von Lindau nach Schruns

Obwohl die MBS normalspurig betrieben wird, führte sie lange Zeit ein Eigenleben, das nur durch den Durchlauf von Güterwagen und die gelegentlichen Aushilfen fremder Dampflokomotiven berührt wurde. Ab 1961 entstanden Reisezugwagen-Durchläufe aus

Dem Triebfahrzeugführer im Regionalzug Montafon über die Schulter geschaut

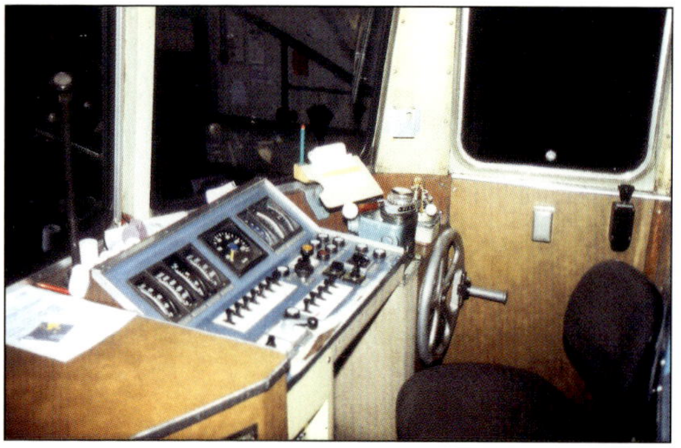

Führerstand im ET 10.104, der 1935 als Dieseltriebwagen gebaut und 1976 von der MBS auf Elektrobetrieb umgerüstet wurde

Führerstand auf der E-Lok 1045.01, die 1927 von der Lokomotivfabrik Wiener Neustadt erbaut wurde, der elektrische Teil stammt von „Elin"

ET 10.104 wurde 1935 als Dieseltriebwagen für die DR gebaut, 1976 Generalumbau durch MBS auf elektrischen Oberleitungstriebwagen

Deutschland bis nach Schruns und laut aktuellem Fahrplan 2004/2005 (Kursbuch Vorarlberg) verkehren City Shuttles von Lindau über Bregenz und Bludenz durchgehend bis nach Schruns und zurück.

Diese relativ günstigen Reiseverbindungen waren dafür ausschlaggebend, dass der Verfasser dieses Beitrags mehrmals seinen Sommerurlaub im Montafon verbrachte. Gut zehn Stunden Reisezeit per Bahn von Leer in Ostfriesland nahe der Nordseeküste bei (oder trotz?) viermaligem Umsteigen (Oberhausen, Mannheim, Stuttgart beziehungsweise Ulm und Bludenz) sind bequemer und stressfreier, als die etwa 900 km lange Strecke per Pkw zurückzulegen. Außerdem lernte der Verfasser das Montafon und seine öffentlichen Verkehrsmittel schätzen, weil mit dem Kauf der Montafon-Paznaun-Card alle Eisenbahnen, Omnibusse und sogar Bergbahnen im Montafon kostenlos benutzt werden können.

Elektrizität aus dem Litzwerk

Der Litzbach hat zwar durch sein Hochwasser der Montafonbahn oft Schwierigkeiten bereitet, andererseits jedoch lieferte er durch seine Wasserkraft der Bahn bis zur Umstellung auf Wechselstrombetrieb die nötige elektrische Energie. Unterhalb des alten Litzwerkes, das auf die Mayersche Mühle zurückgeht und 1896 in Betrieb ging, wurde im Juni 1998 am Ortsrand von Schruns das neue Litzwerk eingeweiht. Das Wasser der Litz wird durch Druckrohrleitungen den drei Francisturbinen zugeführt, die mit ihren Drehstrom-Synchrongeneratoren bei 1000 U/min je 3 MVA leisten. Die jährliche Stromerzeugung des Litzwerkes beträgt etwa 22 Millionen kW/h und deckt damit den Bedarf von 4400 Haushalten.

Wasserkraft ist ökologisch und regenerativ. Das Litzwerk ist damit ein Beitrag zur Nutzung umweltfreundlicher Energiequellen und trägt zur Versorgungssicherheit der Region des Montafon bei. Hinzu kommt die gelungene Architektur des Krafthauses, über die bereits in internationalen Fachzeitschriften berichtet wurde. Dank des Entgegenkommens der MBS konnte auch das alte Litzwerk besichtigt werden. Dort sind noch einige Turbinen und Generatoren aus der Zeit um 1920 erhalten.

Lok- und Wagenpark im Bahnhof Schruns: die E-Lok 1045.03, Baujahr 1927, noch immer zuverlässig im Dienst (links), Turmtriebwagen (Mitte) und Diesellok 10.016 (rechts)

Charme der „Holzklasse“: historischer Büfettwagen von 1927

Historischer Büfettwagen der MBS in Schruns

Rollmaterialverzeichnis der Regelfahrzeuge

Stand 2005

Betriebsnummer MBS	letzte	Achsfolge	Dienst-gewicht	Dauer-leistung	Höchstge-schwindigkeit	Fahrzeug-gattung	Baujahr	Hersteller	Fabrik-nummer	Anmerkungen
E 1045.01	ÖBB 1045.01	(Bo') (Bo')	61,2 t	1140 kW	60 km/h	elektrische Lokomotive	1927	Lokomotivfabrik Wiener Neustadt, elektrischer Teil von „Elin"	5767	1980 nach Revision auf MBS in Betrieb
E 1045	ÖBB 1045.03	(Bo') (Bo')	61,2 t	1140 kW	60 km/h	elektrische Lokomotive	1927	Lokomotivfabrik Wiener Neustadt, elektrischer Teil von „Elin"	5769	1980 auf MBS in Betrieb, 1985 Hauptuntersuchung durch MBS
B4 ET 10.103	DB VT 63.905	(Bo') (Bo')	40 t	328 kW	100 km/h	elektrischer Triebwagen für 15 kV, 16 2/3 Hz	1935	Gottfried Lindner AG, Ammendorf Halle an der Saale als Dieseltrieb-wagen für DR	55360	1965 Generalumbau durch MBS auf elektrischen Zweisystemtriebwagen 15 kV~/800 V=, 1972 Umbau auf Einsystem 15 kV
B4 ET 10.104	DB VT 63907	(Bo') (Bo')	40 t	328 kW	100 km/h	elektrischer Triebwagen für 15 kV, 16 2/3 Hz	1935	Gottfried Lindner AG, Ammendorf Halle an der Saale als Dieseltrieb-wagen für DR	55362	1976 Generalumbau durch MBS auf elektrischen Oberleitungstriebwagen
BD4 ET 10.107		(Bo') (Bo')	70 t	1650 kW	140 km/h	elektrischer Triebwagen für 15 kV	1990	Schindler-Waggon Altenrhein, SIG		ABB verkehrt mit Steuer-wagen B4 10.207

BD4 ET 10.108		(Bo') (Bo')	70 t	1650 kW	140 km/h	elektrischer Triebwagen für 15 kV	1994	Schindler-Waggon Altenrhein, SIG		ABB verkehrt mit Steuerwagen B4 10.208
B4 ET 10.109		(Bo') (Bo')	46 t	880 kW	140 km/h	elektrischer Triebwagen für 15 kV	2000	Stadler Bussnang AG		Inbetriebnahme 22. Februar 2001
B4 ET 10.110		(Bo') (Bo')	46 t	880 kW	140 km/h	elektrischer Triebwagen für 15 kV	2000	Stadler Bussnang AG		Inbetriebnahme 10. April 2001, ET 10.109 und ET 10.110 verkehren einzeln, im Tandembetrieb oder Fernsteuerbetrieb mit ES 10.207/208
B4 ES 10.207		2' 2'	37 t	–	140 km/h	Steuerwagen für elektrischen Triebwagen ET 10.107	1990	Schindler-Waggon Pratteln		
B4 ES 10.208		2' 2'	37 t	–	140 km/h	Steuerwagen für elektrischen Triebwagen ET 10.108	1994	Schindler-Waggon Pratteln		
V 10.016	KBE V 51	D	60 t	615 kW	60 km/h	dieselhydr. Lokomotive	1956	Klöckner-Humboldt-Deutz	56 216	1987 Ankauf durch MBS 1988 Generalüberholung durch MBS
X 10.903	ÖBB VT 5081.12	A A	21 t	220 kW	90 km/h	Motorturm- und Einsatzwagen	1965	Jenbacher Werke für ÖBB	108102	1979 Umbau durch MBS auf Motorturmwagen

Drehbänke in der Werkstatt der MBS in Schruns: die meisten Wartungs- und Reparaturarbeiten können hier ausgeführt werden

Rollwagen zum Bewegen schwerer Lasten in der Lokwerkstatt der MBS in Schruns

Die MBS AG als modernes und leistungsfähiges Unternehmen gliedert sich in vier Bereiche:

1. Energie: Litzkraftwerk: Energieerzeugung aus Wasserkraft, Übertragung, Verteilung und Vertrieb von elektrischer Energie

2. Bahn: Betrieb der normalspurigen Eisenbahn zwischen Schruns und Bludenz, Verkehrskoordination Montafon, seit 2005 Übernahme des Postbus-Verkehrs

3. Technik: Elektroinstallationen, Red Zac Montafon: Handel mit Elektroartikeln und Elektroinstallationsmaterial

4. Media: Kabelfernsehen und Internet über Kabel, Betrieb der Tourismusplattform www.montafon.com, EDV Hard- und Software-Service.

Theater im Lokschuppen

Besonders originell ist die Idee, in der Werkstatt beziehungsweise Remise der MBS in Schruns eine Kulturplattform anzubieten. So wurde zum Beispiel im Juli 2005 an vier Spieltagen die Oper „Der Dorfbarbier" aufgeführt. Künstler und Zuschauer erleben somit im wahrsten Sinne eine Theater-Werkstatt-Atmosphäre. Im Hintergrund des Raumes schaut auch die E-Lok Nummer 1 045.01 der Aufführung zu.

Regelfahrzeuge der MBS

An Regelfahrzeugen besitzt die MBS folgendes Rollmaterial (Stand: Juli 2005; genaue Daten siehe Tabelle): zwei E-Loks Nummer 1045.01 und Nummer 1045.03, jeweils Baujahr 1927; eine dieselhydraulische Lokomotive V 10.016, Baujahr 1956; zwei elektrische Triebwagen B4 ET 10.103 und 10.104, 1935 ursprünglich als Dieseltriebwagen für die DR gebaut und 1965 auf E-Betrieb umgerüstet; zwei elektrische Triebwagen jeweils mit Steuerwagen 1990 und 1994 gebaut: BD4 ET 10.107 und 10.108 und B4 ES 10.207 und 10.208; zwei elektrische Triebwagen, Baujahr 2000: B4 ET 10.109 und 10.110; ein Motorturm- und Einsatzwagen X 10.903, 1965 als Schienenbus (VT) gebaut und 1979 als Motorturmwagen eingerichtet. Bemerkenswert sind außerdem der restaurierte Büfettwagen von 1927 (Grazer Maschinenfabrik) und ein Keilpflug zum Schneeräumen, der von einem Triebfahrzeug geschoben wird und in Sankt Anton im Montafon stationiert ist.

Fazit

Hervorzuheben ist das ausgezeichnete Marketing der MBS. Informationsmaterial wurde gern zur Verfügung gestellt und alle Fragen wurden kompetent und freundlich beantwortet. Ebenso konnten nach Absprache Fotos auf dem Betriebsgelände und im Litzwerk gemacht werden. Ein herzliches Dankeschön gilt insbesondere Frau Tschofen, Herrn Resch und Herrn Schönfelder von der MBS, die den Verfasser bei seinen Recherchen unterstützt haben. So wird der Urlaub im Montafon besonders dem Eisenbahnfreund in bester Erinnerung bleiben.

Adressen

Montafoner Bahn AG	Montafon Tourismus
Bahnhofstraße 15	Montafoner Straße 21
A-6780 Schruns	A-6780 Schruns
Telefon: 0043-5556-9000	Telefon: 0043-5556-722530
Telefax: 0043-5556-72789	Telefax: 0043-5556-74856
www.montafonerbahn.at	www.montafon.at
info@montafonerbahn.at	info@montafon.at

Das Ende einer Legende

Die Dieselloks der Reihen 211, 212 und 213

von Christoph Riedel

Über vier Jahrzehnte prägten die Lokomotiven der Baureihen 211, 212 und 213 den Schienenverkehr der nicht elektrifizierten Strecken in den alten Bundesländern. Zusammen mit den ebenfalls in den Sechzigern und Siebzigern allgegenwärtigen Schienenbussen der Reihen 795 und 798 waren sie mitverantwortlich für den raschen Strukturwandel und damit für das Ausscheiden der Dampflokomotiven bis zum Herbst 1977. Dieser Artikel soll erinnern an die vielseitige Loktype, deren letztes Exemplar Anfang 2005 aus dem Betriebsdienst der Deutschen Bahn ausschied. Der Textteil wird ergänzt durch eine umfangreiche fotografische Dokumentation der beiden letzten Einsatzjahrzehnte.

Planung und Entwicklung der vielseitigen Maschine führen zurück in die frühen Jahre der Deutschen Bundesbahn. Nach dem Zweiten Weltkrieg waren zahlreiche Triebfahrzeuge – insbesondere Dampflokomotiven – beschädigt, auf dem Gebiet der späteren DDR verblieben oder bei Kriegshandlungen zerstört worden. Auch in den ehemals von der deutschen Wehrmacht besetzten Ländern waren zahlreiche Lokomotiven zurückgeblieben. Diese Situation zwang die 1949 gegründete „Deutsche Bundesbahn", neue Lokomotiven anzuschaffen. Da der schnelle Strukturwandel Ende der Vierzigerjahre des vorigen Jahrhunderts noch nicht absehbar war, wurden auch Dampflokomotiven bestellt. Die schwierige Wettbewerbssituation der DB in den ersten Jahren der Bundesrepublik – bedingt durch die bereits erwähnten Schäden an Lokomotiven und Bahnanlagen, finanzielle Verpflichtungen durch Pensionsansprüche ehemaliger Reichsbahnmitarbeiter und die zunehmende Konkurrenz durch den Autoverkehr – führte aber schon vor Gründung der DB zu Überle-

212 205-9 (Bw Koblenz) am 17.7.1985 in Niedermendig

Die Koblenzer 212 109-3 am 17.7.1985 in Kottenheim

212 109-3 (Bw Koblenz) passiert das Hp2 zeigende Ausfahrsignal von Kottenheim (17.7.85)

gungen, den recht teuren Betrieb mit Dampflokomotiven durch preisgünstigere Alternativen zu ersetzen. Ein neu gegründeter Fachausschuss für Brennkrafttriebfahrzeuge entwarf einen Plan für zunächst vier Fahrzeuge mit Dieselmotorantrieb: VT 08 (800 PS/Fernverkehr), VT 12 (800 PS/Städteschnellverkehr), V 80 (800 PS, Streckendiesellokomotive) und VT 95 (Schienenbus mit Beiwagen VB 140.7). Bereits 1953 folgte mit der Reihe V 200 die erste Großdiesellok mit 2200 PS. Daneben wurden bis 1955 auch noch ein weiterer Schienenbus (VT 98) und ein Akkumulatortriebwagen (ETA 176) in Dienst gestellt. Im Jahr 1955 entstand aufgrund der guten Erfahrungen, insbesondere mit den Lokomotiven der Reihe V 200, das endgültige Typenprogramm für Diesellokomotiven:

V 60: einmotorige Stangendiesellok für Rangieraufgaben und leichte Übergabezüge
V 100: einmotorige Drehgestelllokomotive (vierachsig) für den gemischten Dienst überwiegend auf Nebenbahnen (ursprünglich als V 65[2] geplant)
V 160: einmotorige Drehgestelllokomotive (vierachsig) für den leichten gemischten Haupt bahndienst
V 200: zweimotorige Drehgestelllokomotive (vierachsig) für den mittelschweren Dienst auf Hauptbahnen
V 320: zweimotorige Drehgestelllokomotive (sechsachsig) für den schweren Hauptbahndienst.

Anders als in anderen Ländern, die der dieselelektrischen Bauart den Vorzug gaben, setzte die Deutsche Bundesbahn auf den hydraulischen Antrieb. Lediglich zwei Baureihen, die V 60 und die V 65, erhielten dabei einen Stangenantrieb, bei den übrigen Typen verwendete die DB einen Antrieb mit Gelenkwellen. Gegenüber dem Stangenantrieb ergab sich der Vorteil, Bewegungen der Drehgestelle gegenüber dem Fahrzeugrahmen ausgleichen zu können. Den dieselelektrischen Lokomotiven gegenüber waren die DB-Maschinen wegen der geringeren Anschaffungs- und Wartungskosten, aber auch wegen des geringeren Fahrzeuggewichts im Vorteil. Damit verließ man den Weg, den die Deutsche Reichsbahn mit der V 188 (dieselelektrische Doppellokomotive für den Transport von schweren Eisenbahngeschützen) und der V 140 (dieselhydraulische Streckenlokomotive mit Stangenantrieb) bei der Dieseltraktion eingeschlagen hatte. Die erste Streckendiesellok mit

212 125-9 (Bw Koblenz) vor dem Nahverkehrszug Mayen-Andernach in Plaidt (17.7.85)

dieselhydraulischem Gelenkwellenantrieb, die Reihe V 80, sollte allerdings nicht mehr weitergebaut werden, da die sehr langen Gelenkwellen der Lok zu Brüchen neigten. Auch die in einer Serie von 15 Stück 1956 in Dienst gestellte vierachsige V 65 mit Stangenantrieb wurde nicht weiter beschafft. Allerdings war einer Weiterentwicklung, die als V 65.2 geplant war, ursprünglich das Aufgabengebiet zugedacht, das später die Lokomotiven der Reihe V 100 übernehmen sollten. Die Reihe V 65.2 ist jedoch nie gebaut worden.

In kurzer Zeit lösten in den Fünfzigerjahren Schienenbusse auf den damals noch zahlreichen Nebenbahnen unwirtschaftlich gewordene Dampflokomotiven ab. In Zeiten stärkeren Verkehrsaufkommens – im Berufs- und Schülerverkehr – reichten die Kapazitäten der kleinen Fahrzeuge aber oft nicht aus, so dass weiterhin (dampf)lokbespannte Züge zum Einsatz kommen mussten. Der Güterverkehr wurde ebenfalls weiterhin von Dampflokomotiven abgewickelt, auch wenn der zweimotorige Schienenbus VT 98 mit seinen 300 PS und normalen Zug- und Stoßeinrichtungen einzelne Güterwagen mitführen konnte.

Zusammen mit der Maschinenbau Kiel AG (MaK) entwickelte das Bundesbahnzentralamt (BZA) München deshalb in den folgenden Jahren die Reihe V 100. Geplant war ein vierachsiges, dieselhydraulisches Drehgestellfahrzeug mit Mittelführerstand,

Kölner 211 232-4 (ehemalige V 100 1232) am 15.4.1983 vor dem Brückenstellwerk in Brügge/Westf.

1100 PS Leistung und 15 Mp Achsdruck, das eine Höchstgeschwindigkeit von 90 km/h erreichen konnte. Diese Geschwindigkeit wurde bei den Vorserien- und Serienlokomotiven auf 100 km/h heraufgesetzt. Zahlreiche Erfahrungen, die die DB bei den Lokomotiven der Reihe V 80 gemacht hatte, flossen in die Planung ein. Zunächst verzichtete man aus bereits genannten Gründen auf die langen Gelenkwellen. Bei der V 100 sollte die Antriebsleistung über eine elastische Kupplung und eine kurze Gelenkwelle auf die Eingangswelle eines Turbogetriebes übertragen werden. Von hier aus gelangt die Kraft über Gelenkwellen auf die inneren Radsätze der Drehgestelle. Über je eine weitere kurze Gelenkwelle erfolgt die Kraftübertragung auf die äußeren Radsätze der Drehgestelle. Um die Sichtverhältnisse für den Triebfahrzeugführer zu verbessern, erhielt die V 100 vor und hinter dem Führerhaus schmalere Vorbauten.

Der selbsttragende Kastenaufbau der V 80 wurde zugunsten eines Profilrahmens mit nichttragendem Aufbau auch unter dem Aspekt der Kostensenkung aufgegeben. Überhaupt spielten wirtschaftliche Überlegungen bei der Planung der Lok eine wesentliche Rolle. So sollten zahlreiche Teile mit anderen Loktypen austauschbar sein. Insbesondere die Motoren der beiden späteren Baureihen V 100.1 und V 100.2 fanden so auch in den zweimotorigen Großdieselloks der Reihen V 200.0 und V 200.1 Verwendung. Nachdem 1957 die Entwicklung der Lokomotive abgeschlossen werden konnte, erteilte die DB der Firma MaK den Auftrag, sechs Probelokomotiven zu fertigen. Obwohl MaK zu diesem Zeitpunkt über einen geeigneten Motor für die V 100 verfügte, entschied die DB, Motoren dreier anderer Hersteller einbauen zu lassen. Die zunächst als V 100 001–006 bezeichneten Lokomotiven erhielten Zwölfzylindermotoren der Firmen Maybach (V 100 001, 002, 003 / Motortyp MD 650 / 1100 PS) und MAN (V 100 004, 005 / Motortyp L 12 V18/21 / 1100 PS). Die Lok V 100 006 wurde zunächst auch mit dem Maybach MD 650 IB ausgestattet, bereits vor der endgültigen Inbetriebnahme erhielt sie aber bei MaK in Kiel als einzige den stärkeren Motor MB 835 Ab von Daimler-Benz. Diese Maschine leistete 1350 PS. Neben diesen sechs Lokomotiven wurde noch eine weitere Maschine fertiggestellt, die MaK auf eigene Rechnung gebaut hatte. Ursprünglich als V 100 000 bezeichnet, wurde sie von der DB im Sommer 1959 als V 100 007 in den Num-

"Siegerländer Semmering" heißt die Steigung bei Hilchenbach, die die 212 mit dem Nahverkehrszug Siegen-Bad Berleburg am 30.7.85 bewältigte

Ungefähr 10 Jahre lang verkehrten von 1984 an zwischen Olpe und Finnentrop Loks der Reihe 212 mit Wendezügen. Die Loks kamen vom Bw Hagen-Eckesey und mussten über die elektrifizierte Ruhr-Sieg-Strecke getauscht werden. Am 30.7.1986 überquert der Nahverkehrszug die Brücke über das Vorstaubecken der Biggetalsperre bei Olpe

212 152-3 (Bw Siegen) vor dem Nahverkehrszug Siegen-Bad Berleburg bei Röspe (20.8.87)

1987 war die Küstenbahn Norden - Sande - Wilhelmshaven im Abschnitt Esens - Norden bereits stillgelegt. Zugverkehr gibt es aber bis heute zwischen Esens und Wilhelmshaven. Am 18.4.1987 wurde der Nahverkehrszug von Esens von 211 107-8 (Bw Osnabrück) geführt. (Aufnahme: Jever)

Leichtes Spiel hatte die Osnabrücker 211 am 7.4.1988 mit den zwei Wagen des Nahverkehrszuges Delmenhorst - Osnabrück.

Abfahrbereit steht 211 309-0 vom Bw Osnabrück vor dem Nahverkehrszug Delmenhorst-Osnabrück in Steinfeld (25.3.1989)

Zwei Hagener 212 auf der denkmalgeschützten Brücke von Scherl (Strecke Meinerzhagen-Krummenerl, 2.4.1987)

Die Nahverkehrszüge von Lüdenscheid nach Dortmund wurden von 1965 bis 1994 von Hagener V 100 gezogen.
Am 7.5.1987 rollt der Zug die Steilstrecke Lüdenscheid - Brügge hinunter

212 299-2 gehört heute der Vulkan-Eifel-Bahn in Gerolstein. Am 27.5.1989 hatte die damals in Hagen beheimatete Maschine einen Sonderzug von Halver nach Lüdenscheid zu befördern und fährt gerade in den Lüdenscheider Bahnhof ein

212 291-9 schiebt am 24.6.1992 in Brügge/Westf. den Nahverkehrszug von Dortmund in die Steigung nach Lüdenscheid

mernplan aufgenommen. Sie erhielt ebenfalls einen Motor von Daimler-Benz (Mb 820 Bb), allerdings lag die Leistung wie bei den ersten fünf Vorauslokomotiven bei 1100 PS.

Diese Lokomotive wurde als erste vom BZA München gründlich getestet, bis im September 1958 mit V 100 001 die erste „normale" V 100 an die DB geliefert wurde. Die Lokomotiven V 100 002, 003 und 004 folgten in kurzem Abstand bis zum Frühjahr 1959. Im Sommer 1959 waren dann auch die beiden letzten Vorauslokomotiven fertiggestellt. Zunächst wurden die neuen Lokomotiven vom BZA München eingehend getestet, so dass einige kleinere Mängel bis zum Einsatz im täglichen Streckendienst abgestellt werden konnten. Hierbei zeigte sich auch, dass die mit unterschiedlichen Getrieben ausgestatteten Lokomotiven kaum Verbrauchsunterschiede zeigten. Die Fahrweise des Triebfahrzeugführers hatte einen erheblich größeren Einfluss auf den Treibstoffverbrauch als die Getriebebauart. Standardgetriebe für die V 100 wurde danach das Voith-Strömungsgetriebe L 216rs.

Im Verlauf des Jahres 1959 kamen die Lokomotiven V 100 001 bis 005 zur BD Münster zur Erprobung in den Streckendienst, um ihre Tauglichkeit im Alltagsdienst auf schwierigen Strecken unter Beweis stellen zu können. Eine dieser Fahrten führte V 100 001 im Juni 1959 auf die Steilstrecke Brügge–Lüdenscheid im Sauerland, auf der zahlreiche Züge nachgeschoben werden mussten. Auf diesen Fahrten stellte sich heraus, dass die Lokomotiven nicht nur, wie ursprünglich vorgesehen, Dampfloks der Reihen 64 und 86, sondern auch der damals noch zahlreich vertretenen Reihen 38.10 und 78° auf Hauptbahnen ersetzen konnte. Auf Nebenstrecken war sie sogar der wesentlich stärkeren Baureihe 50 ebenbürtig, so dass sich hier aussichtsreiche Perspektiven für den Güterzugdienst auf Nebenbahnen ergaben. Die V 100 006 wurde nicht von Münster aus eingesetzt, sondern erhielt, wie bereits oben erwähnt, Ende 1959 bei MaK in Kiel den Motor Mb 835 Ab von Daimler-Benz mit 1350 PS. Danach kam die Lok zur Erprobung zum LVA München. Wegen der stärkeren Motorisierung, die später auch alle Maschinen der Folgereihe V 100^{20} auszeichnete, erhielt die Lokomotive von der DB die Nummer V 100 2001 und wurde damit die erste Vertreterin der stärkeren Variante.

Noch im Jahr 1959 gab die DB den Firmen MaK in Kiel und Jung in Jungenthal den Bauauftrag für insgesamt 36 Vorserienlokomotiven, die in den Jahren 1961 und 1962 zur Auslieferung kamen. Diese Lokomotiven erhielten die Nummern V 100 1008 – 1043, weil den ersten fünf Vorausloks V 100 001 – 005 die neuen Nummern V 100 1001 – 1005 vorbehalten blieben, während die ehmalige V 100 000 (V 100 007) fortan als V 100 1007 lief. Da die mit dem stärkeren Motor ausgestattete V 100 006 als V 100 2001 erste Vertreterin der später entwickelten 1350-PS-Variante V 100^{20} in Dienst gestellt wurde, blieb die Nummer V 100 1006 unbesetzt. Die Serienmaschinen der bis zur Umzeichnung auf Computernummern im Jahr 1968 als V 100^{10} bezeichneten Lokomotiven erhielten Motoren der Firmen Maybach (MD 650/1B 1200 PS) und Daimler-Benz (MB 820 Bb 1140 PS). Die Lieferung der insgesamt 322 Serienlokomotiven erfolgte zwischen Oktober 1961 und Mai 1963. Am Bau beteiligt waren neben den bereits erwähnten Firmen MaK (70 Lokomotiven / V100 1044 – 1113) und Jung (30 Loks / V 100 1324 – 1353) die Firmen Deutz (55 Loks / V 100 1114–1168), Henschel (55 Loks / V 100 1169–1223), Krupp (50 Loks / V 100 1224 – 1273), Krauss-Maffei (50 Loks / V 100 1274–1323) und Maschinenfabrik Esslingen (12 Loks / V 100 1354 – 1365). Gegenüber den Vorauslokomotiven unterschieden sich Vorserien- und Serienlokomotiven äußerlich durch die Form der Lufteintrittsöffnung am längeren Vorbau, andere Griffstangen und

Eine neue Heimat bei den "Eisenbahnen und Verkehrsbetriebe Elbe-Weser" hat diese 211 gefunden, die am 14.8.2003 in Bremervörde Dienst tut. Die Lok hat die Kühlanlage einer 212 erhalten und ist äußerlich nicht mehr als ehemalige 211 zu erkennen

Letzter Haltepunkt vor der Endstation Neuenrade der Hönnetalbahn ist Küntrop. Am 1.6.1993 hat 212 322-2 vom Bw Hagen mit ihren beiden Silberlingen keine Mühe, den Zug in der leichten Steigung wieder zu beschleunigen

Am 12.6.1993 schieben die beiden Hagener 212 einen Sonderzug in Richtung Halver aus dem Bahnhof Brügge/Westf.

Hinter der Hagener 212 001-2 verbirgt sich die ehemalige V 100 006, die als erste mit dem stärkeren Motor ausgestattet und dann als V 100 2001 eingereiht wurde (Brügge, 15.3.1983)

Ausnahmsweise führte 211 232-4 am 15.4.1983 den sonst von Kölner 215 gezogenen Nahverkehrszug Brügge/Westf. - Köln Hbf. (Aufnahme: Brügge)

Die noch in ursprünglicher Farbe lackierte 212 320-6 vom Bw Hagen-Eckesey in Brügge/Westf. (22.6.1983)

212-007 ist eine der ersten V 100.20, die äußerlich noch den 211 ähneln. Die Lok gehört der Deutschen Gesellschaft für Eisenbahngeschichte und war am 20.5.2005 im Sonderzugeinsatz (Aufnahme: Brügge/Westf.)

Begegnung der beiden Nahverkehrszüge Lüdenscheid - Dortmund und umgekehrt im Bahnhof Rummenohl (7.2.1994)

separate rote Signalleuchten für die Rückwärtsfahrt.

Damit standen der DB innerhalb von zwei Jahren 365 leistungsfähige Streckendiesellokomotiven dieser Bauart zur Verfügung, zu denen sich ab 1962 die mit dem stärkeren Motor ausgerüsteten Lokomotiven der Reihe V 100^{20} gesellten. Für den normalen Nebenbahndienst reichte die Motorleistung von 1100 PS zwar aus, Einsätze auf Hauptbahnen und auf Strecken mit stärkeren Steigungen erforderten aber eine leistungsstärkere Variante. Mit der V 100 006, die den stärkeren Mercedes-Motor Mb 835 Ab erhalten hatte, stand ab Ende der Fünfzigerjahre eine Probelokomotive zur Verfügung, die überzeugen konnte. Von 1962 bis 1965 konnte die deutsche Lokomotivindustrie deshalb 380 weitere Lokomotiven mit dem stärkeren Motor liefern, die von der DB als Reihe V 100^{20} eingereiht wurden, wobei die weitaus größte Zahl der Motoren von Daimler-Benz stammte. Hinzu kam die ehemalige V 100 006 als V 100 2001, so dass insgesamt 381 Lokomotiven der Reihe V 100^{20} zur Verfügung standen. Durch Motortausch erhielten ab Mitte der Achtzigerjahre zahlreiche Loks der Reihe V 100.10 ebenfalls stärkere Motoren, so dass von der Baureihennummer nicht mehr ohne weiteres auf die Motorstärke geschlossen werden konnte. In 292 Lokomotiven beider Baureihen ließ die DB eine Wendezugsteuerung einbauen.

Beide Bauartvarianten unterschieden sich äußerlich nur wenig. Die weitaus meisten Loks der Reihe V 100^{20} erhielten wegen des Einbaus einer stärkeren Kühlanlage senkrechte statt waagerechte Kühlerlamellen. Die ersten 22 stärkeren V 100 allerdings hatten noch die Kühlerlamellen der V 100^{10} erhalten, so dass sie den schwächer motorisierten Schwesterlokomotiven ähnlich waren. Von der Nummer V 100 2022 an wiesen die Maschinen zudem eine um 200 mm größere Länge auf, weil drei zusätzliche Kühlelemente eingebaut worden waren. Am Bau der V 100^{20} waren die Firmen Krupp, Krauss-Maffei und Maschinenfabrik Esslingen nicht mehr beteiligt. Die meisten der 381 Lokomotiven baute wiederum MaK (215 Loks / V 100 2002 – 2106 und 2232 – 2341). Die restlichen Maschinen entstanden bei Deutz (70 Loks / V 100 2202 – 2231 und 2342 – 2381), Henschel (58 Loks / V 100 2107 – 2164) und Jung (37 Loks / V 100 2165 – 2201). Die V 100 2001 war – wie bereits erwähnt – bereits 1959 als V 100 006 bei MaK entstanden.

In der erwähnten Zahl von 381 Lokomotiven der Reihe V 100^{20} enthalten sind auch zehn MaK-Loko-

Zwischen Gießen und Fulda liegt der Bahnhof Reiskirchen, den am 28.3.1994 der Nahverkehrszug aus Gießen erreicht hat. Zuglok ist 212 105-1 vom Bw Gießen

212 372-7 passiert am 28.3.1994 mit ihrem Nahverkehrszug nach Gießen das Einfahrsignal von Niederohmen

212 272-8 vom Bw Hagen-Eckesey bei Hagen-Delstern imVolmetal (22.6.83)

212 292-7 (Bw Hagen-Eckesey) schiebt den Wendezug nach Dortmund aus dem Bahnhof Rummenohl (20.8.1983)

212 314-9 vom Bw Hagen-Eckesey stieß am Morgen des 9.7.1983 mit einem Straßenfahrzeug zusammen. Die Lok wurde repariert und am 18.12.2001 von der DB ausgemustert. Sie gehört heute zur Alstom Lokomotiven Service GmbH. (Rummenohl, 10.7.1983)

Einfahrt des Nahverkehrszuges nach Gießen mit Lok 212 105-1 in den Bahnhof von Burg-und Niedergemünden (28.3.1994)

Auch im Ahrtal waren in den achtziger Jahren Loks der Reihe 212 allgegenwärtig (Bad Bodendorf, 6.4.1986)

Schienenbusse und Lokomotiven der Reihe V 100 teilten sich bis zum Eintreffen der Triebwagen der Reihe 628 die Dienste im oberen Lahntal zwischen Erndtebrück und Marburg (Wallau, 28.7.1992)

motiven (V 100 2332–2341), die für den Einsatz auf Steilstrecken vorgesehen waren. Zum Zeitpunkt der Indienststellung dieser Lokomotiven wurden bei der DB die Strecken Koblenz–Siershahn und Karlsruhe–Freudenstadt mit fünfachsigen Tenderdampflokomotiven der Reihen 82 und 94^5 bedient, die mit einer Gegendruckbremse ausgestattet waren. Da für den Betrieb auf wenigen Strecken eine Neukonstruktion von Steilstreckendieselloks unwirtschaftlich gewesen wäre, erhielten die erwähnten MaK-Serienlokomotiven eine hydrodynamische Bremse der Firma Voith und ein etwas anderes Getriebe. Außerdem wurde der Einbau eines zusätzlichen Getriebeölwärmetauschers zur Abfuhr der beim Bremsen entstehenden Wärmeenergie nötig. Die größeren Abmessungen des Getriebes erforderten weitere geringfügige Änderungen gegenüber den übrigen Lokomotiven der Reihe V 100^{20}.

Ab 1968 wurden die Lokomotiven der DB mit computergerechten neuen Nummern versehen. Die Lokomotiven der Reihe V 100^{10} erhielten die neue Baureihenbezeichnung 211, die ehemaligen V 100^{20} bekamen die Baureihenbezeichnung 212. Als eigenständige Baureihe 213 wurden ab 1968 die Steilstreckenloks V 100 2332 – 2341 geführt.

Innerhalb kurzer Zeit eroberten die beiden Baureihen ab den frühen Sechzigerjahren weite Teile des nichtelektrifizierten Streckennetzes. Die Einsatzgeschichte der V 100 im Rahmen dieses Aufsatzes auch nur annähernd erschöpfend zu behandeln, ist unmöglich. Hier muss auf die einschlägige Literatur verwiesen werden. An dieser Stelle erfolgt deshalb eine Beschränkung auf die Dauer der Stationierung in den einzelnen Betriebswerken. Die von dort aus befahrenen Strecken können nicht aufgelistet werden. Lediglich für die Reihe 213 soll wegen der geringen Zahl an Lokomotiven der Werdegang genauer nachgezeichnet werden.

Bahnbetriebswerke der Baureihen V 100^{10} und V 100^{20} (211, 212, 213)

Schleswig-Holstein:
Flensburg (1962–1987), Lübeck (1963–1998)

Hamburg:
Hamburg-Altona (1963–1982), Hamburg-Harburg (1962–1968)

Längst stillgelegt ist die Strecke Herborn-Niederwalgern. Kurz vor Niederwalgern an der Main-Weser-Bahn liegt der Bahnhof Mornshausen, den der Nahverkehrszug von Herborn am 28.7.1992 gerade erreicht

Nahverkehrszug Bad Laasphe-Marburg bei Caldern (28.7.1992)

Bremen:
Bremerhaven (1967–1978)

Niedersachsen:
Delmenhorst (1962–1969), Braunschweig (1962–1969 und 1975–2001), Göttingen (1965–1995), Hannover (1965–1975), Oldenburg (1962–1977), Osnabrück Rbf (1964–2004), Rahden (1963–1964), Uelzen (2/1965–4/1965)

Nordrhein-Westfalen:
Aachen (1983–1985), Bielefeld (1961–1981), Dieringhausen (1962–1982), Düren (1962–1983), Hagen-Eckesey (1962–2002), Köln-Deutzerfeld (1990 –1999), Köln-Gremberg (2001–2002), Köln-Nippes (1961–1990), Krefeld (1962–1992), Münster (1959–1978), Mönchengladbach (1992–1996), Siegen (1961–1994), Wuppertal-Steinbeck (1963–1992 und 1999–2001)

Hessen:
Darmstadt (1969–2000), Frankfurt-Griesheim (1962–1968), Fulda (1962–1992), Gießen (1965–2003), Hanau (1962–1982), Kassel (1968–1983), Marburg (1963–1968)

Rheinland-Pfalz:
Gerolstein (1966–1975), Jünkerath (1962–1966), Kaiserslautern (1965–1967 und 1975–1995), Koblenz-Mosel (1973–1988), Landau (1962–1984), Limburg (1966–1968), Ludwigshafen (1963–1966), Mainz Hbf (1965–1982), Mainz-Bischofsheim (2003–2004), Simmern (1962–1975), Trier (1961–1991)

Saarland:
Saarbrücken (1965–2004), St. Wendel (1964–1976)

Baden-Württemberg:

Freiburg (1962–1996), Haltingen (1963–1989), Karlsruhe (1966–1999), Kornwestheim (1962–2004), Mannheim (1972–1977), Tübingen (1973–1989), Ulm (1965–1973 und 1988–1994), Villingen (1962–1975)

Bayern:
Ansbach (1962–1967), Aschaffenburg (1972–1986), Augsburg (1965–1993), Bamberg (1961–1976), Bayreuth (1962–1975), Hof (1962–2002), Ingolstadt (1962–1974), Kempten (1961–2002), Mühldorf (1969–2004), München Hbf (1962–1968), München Ost (1965–1977), Nördlingen (1963–1981), Nürnberg Hbf (1963–1984), Passau (1961–1975), Plattling (1962–1985), Regensburg (1962–1976), Rosenheim (1961–1969), Schwandorf (1961–1984), Würzburg (1965–1969 und 1982–2004)

Thüringen: (nur BR 213)
Erfurt (1998–1999), Meiningen (1995–1998)

Übertrieben scheint der Einsatz zweier Hagener 212 vor dem kurzen Zug in Meinerzhagen zu sein, auf der Rückfahrt ist aber ein schwerer Schotterzug zu befördern (Meinerzhagen, 3.1.1985)

Halt der Regionalbahn im Haltepunkt Dausenau an der Lahntalbahn (17.10.1996)

Auf dem Weg in Richtung Limburg/Lahn ist am 23.7.1998 die Gießener 212 mit ihrer Regionalbahn (Aufnahme: Solms)

Bielefeld und Paderborn verbindet die Strecke durch die Senne. Am 5.8.1992 hat der Nahverkehrszug von Bielefeld den Bahnhof Hövelhof erreicht. Noch immer trägt die Zuglok ihre ursprüngliche Lackierung

212 279-4 am 6.4.1994 in Neuß Hbf

Bis zur Einstellung des Personenverkehrs zwischen Brügge und Marienheide im Jahr 1986 verkehrten die Nahverkehrszüge nur noch im Dreistundentakt. Eingesetzt waren Hagener 212 (Bollwerk, 27.10.1984)

Parallel zur Straße führt die Volmetalstrecke bei Sankel. Nahverkehrszug Brügge-Dieringhausen am 21.9.1985

Wie die Aufstellung zeigt, war die V 100 mit Ausnahme der Reihe 213 im Laufe ihres fast fünfzigjährigen Einsatzes bei der DB in allen alten Bundesländern heimisch. Mit Erfurt und Meiningen bekamen nach der Wende sogar noch zwei thüringische Dienststellen V 100 zugewiesen. Hierbei handelte es sich um die Steilstreckenloks der Reihe 213, die von 1995 bis 1998 (Meiningen) und von 1998 bis 1999 (Erfurt) im Thüringer Wald Dienst taten.

Die Maschinen wurden zwischen Januar und Mai 1966 ausgeliefert und wurden zunächst beim Bw Karlsruhe stationiert, um auf der Murgtalbahn die Dampflokomotiven der Reihen 94^5 und 82 abzulösen. 1968 (zwei Lokomotiven) und 1971 gingen die Lokomotiven an das Bw Gießen, bevor 1987 für ein Jahr Koblenz neue Heimat der Steilstreckenloks wurde. Von 1988 bis 1994 wurden die Loks von Köln aus eingesetzt, bevor – wie bereits erwähnt – die Überführung nach Thüringen erfolgte. 1998 kehrten die Lokomotiven für ein Jahr an ihren ersten Standort Karlsruhe zurück. Letzte Einsatzstellen bei der DB waren dann Hof und Mühldorf (dort eingesetzt für die DB-Tochter Südostbayernbahn). Von den genannten Betriebswerken aus erfolgten Einsätze auf Steilstrecken wie Rastatt–Freudenstadt, Boppard–Emmelshausen, Linz–Kalenborn, Neuwied–Siershahn oder Dillenburg–Wallau. In Thüringen waren die Maschinen auf den anspruchsvollen Strecken im Thüringer Wald im Einsatz. Von Köln aus wurde zeitweilig auch die Ahrtalbahn befahren. Letzte Personenzugeinsätze beim Bw Hof endeten am 27. Juli 2001 auf der Strecke Hof–Bad Steben. 2002 gingen die beiden letzten Exemplare an die DB-Tochter Südostbayernbahn und wurden in Mühldorf stationiert. Hier erfolgten Einsätze vor planmäßigen Cargo-Zügen. Im Winter 2002/2003 wurde 213 337 an die Kurhessenbahn Marburg–Frankenberg ausgeliehen. Dies waren die letzten planmäßigen Einsätze einer Lok der Reihe 213 vor Personenzügen.

Doch zurück zu den „normalen" V 100. Erste Dienststellen der neuen Diesellok waren die Bw Münster und Bielefeld. Ab 1959 erfolgten erste Einsätze der Vorauslokomotiven von Münster aus, während das Bw Bielefeld 1961 die ersten Vorserienmaschinen zugeteilt bekam. Im gleichen Jahr wurden auch den Bw Bamberg, Kempten, Köln-Nippes, Passau, Rosenheim, Schwandorf, Siegen und Trier Lokomotiven zugewiesen. Ab 1962 kann man dann von einem flächendeckenden Einsatz der Baureihe V 100 in der ganzen damaligen Bundesrepublik Deutschland sprechen. In diesem Jahr gingen weiteren 25 (!) Bahnbetriebswerken neue Lokomotiven zu. Manche der Dienststellen aus der Anfangszeit konnten ihren Bestand lange halten, andere verloren ihre Lokomotiven frühzeitig wieder. In Kornwestheim beispielsweise waren von 1962 bis zur Ausmusterung der letzten Exemplare ununterbrochen V 100 beheimatet. Das Bw Kempten weist immerhin 41 Stationierungsjahre auf, während das ehemalige Bw Hagen-Eckesey ebenso wie das Bw Hof auf eine Einsatzzeit von immerhin 40 Jahren (1962–2002) kommt. Demgegenüber steht das kleine Bw Rahden an der Strecke Bassum–Bünde, das zwar im Jahr 1963 schon recht früh V 100 aus Münster zugeteilt bekam, sie aber schon 1964 wieder nach Osnabrück abgeben musste. Aber auch in fast allen anderen Bahnbetriebswerken war die V 100 nicht durchgängig stationiert. Vor allem wenn kleinere Dienststellen aufgelöst oder zu Außenstellen anderer Bws wurden, erfolgten Umbeheimatungen, obwohl die Einsatzräume der Lokomotiven häufig gleich blieben. So endete der Einsatz der V 100 im Bw Düren zwar 1983, die nun zum Bw Aachen gehörenden Loks befuhren aber weiterhin die von der Hauptstrecke Köln–Aachen abzweigenden Strecken. In manchen Fällen wurden V 100 auch durch stärkere Diesellokomotiven der Reihen 216 oder 218 verdrängt. Stilllegung von Ne-

Am 12.4.1985 hält der Nahverkehrszug Lennep-Marienheide mit Lok 211 272-0 in Hämmern.

Zwischen Bad Münstereifel und Euskirchen verkehrten Mitte der achtziger Jahre noch stilreine Nahverkehrszüge aus vierachsigen Umbauwagen und Loks der Reihe 212 (Kirspenich, 2.4.1986)

benbahnen und der zunehmende Einsatz wirtschaftlicher zu betreibender Dieseltriebwagen verdrängten die V 100 zunehmend aus Personenzugdiensten. Da die DB auch das Interesse am Güterverkehr mit Ausnahme von Ganzzügen weitgehend verlor, wurden immer mehr Lokomotiven der Reihe V 100 überflüssig. Zwar war bereits am 16. Juni 1972 eine V 100^{20} (212 379) ausgeschieden und auch die ehemalige MaK-Lok V 100 000 – spätere V 100 007 und V 100 1007 – musste nach einem Unfall bei Hanekenfähr am 14. November 1980 im Jahr 1981 ausgemustert werden, bis Mitte der Achtzigerjahre waren aber noch fast alle Lokomotiven bei der DB im Einsatz. In mehreren großen Ausmusterungswellen wurde der Bestand ab 1985 dann stark dezimiert. Zwischen 1985 und 1988 erfolgte die Abstellung von fast 200 Lokomotiven der Reihe V 100^{10}, während nur wenige Exemplare der Reihe V 100^{20} ausschieden. Die zweite große Ausmusterungswelle traf dann beide Typen. Zwischen 1993 bis 1995 war für weitere 176 Lokomotiven beider Baureihen bei der DB Schluss. In den folgenden Jahren pendelte sich die Zahl der Ausmusterungen auf niedrigerem Niveau ein, bis 2001 mit der Ausmusterung der letzten V 100^{10} und 100 Maschinen der Reihe V 100^{20} faktisch das Ende der Baureihe da war.

In diesem Jahr gingen in Bayern bis Ende September die Regionalleistungen auf Triebwagen des Typs „Desiro" über, in Hessen allerdings nahmen Mitte November Gießener 212 wegen Triebwagenmangels auf der Kurhessenbahn wieder Reisezugleistungen auf. Auch zwischen Emden und Emden Außenhafen konnte 2001 noch nicht auf die V 100 verzichtet werden. Im übrigen Deutschland wurde die 212 nur noch im Güterzugdienst eingesetzt. Von der Reihe 213 waren Ende des Jahres noch zwei Exemplare beim Bh Hof einsatzfähig. Im Jahr 2002 gab es Reisezugdienste weiterhin nur noch zwischen Emden und Emden Außenhafen und auf der Kurhessenbahn Marburg–Frankenberg. Ein Jahr später war die Zahl der Einsatzorte auf fünf geschrumpft: Osnabrück, Gießen, Saarbrücken, Würzburg und Kornwestheim. Plandienste waren aber lediglich von Osnabrück (Emden–Emden-Außenhafen), Saarbrücken und Mühldorf aus erforderlich (Einsatzstelle der inzwischen zur Südostbayernbahn gelangten 213). 2004 waren noch Lokomotiven in Kornwestheim, Osnabrück, Saarbrücken und Würzburg beheimatet.

Im letzten "Büchsenlicht" konnte am 30.12.1984 die Hagener 212 mit ihrem Nahverkehrszug Dieringhausen-Hagen bei Meinerzhagen abgelichtet werden

Der Kurswagen nach Bad Wörishofen wurde häufig an Dieseltriebwagen der Reihen 627 und 628 angehängt. Im September 1983 allerdings setzt die DB für den Transport eines einzigen Waggons 1350 PS ein.

Auch Mainz–Bischofsheim besaß zwar buchmäßig zwischen 2003 und 2004 ebenfalls noch Lokomotiven, Planeinsätze erfolgten aber von hier aus nicht mehr. Seit dem 11. Oktober 2004 wurden an Lokomotiven der Reihe 212 keine Fristarbeiten mehr durchgeführt, Ende des Jahres war der Bestand auf unter zehn Maschinen gesunken. Die letzten beiden Loks der Reihe V 100^{20} schieden schließlich am 5. Januar 2005 aus dem Dienst aus.

Die flächendeckende Verbreitung der V 100 über die alten Bundesländer täuscht darüber hinweg, dass es große Unterschiede in der Anzahl der bei den einzelnen Dienststellen beheimateten Maschinen gab. So trugen im Jahr 1986 71 Lokomotiven der Reihe V 100^{10} die Aufschrift „Bw Hof", während das kleine Bw Freiburg neben Dienststellen wie Düren, Fulda, Haltingen, Landau, Nördlingen oder Plattling weniger als zehn Lokomotiven besaß. Weitere große V 100-Bws waren Würzburg mit 58 Lokomotiven (1986: 52 V 100^{10} und 6 V 100^{20}), Darmstadt (1986: 44 V 100^{20}), Tübingen (1980: 43 V 100^{10}), Hagen (1986: 38 100^{20}) und Osnabrück (1986: 36 V 100^{10}). Bemerkenswert ist schließlich noch der Bestand des Bw Gießen im Jahr 1993, als sich die Einsatzzeit der V 100 bereits dem Ende näherte. In diesem Jahr waren in dem bedeutenden hessischen Bahnbetriebswerk immerhin noch 45 Lokomotiven beheimatet.

Im letzten Einsatzjahrzehnt eröffnete sich für einige Lokomotiven der Reihe 212 eine neue Perspektive. Mit Fertigstellung der Schnellfahrstrecken Hannover–Würzburg und Mannheim–Stuttgart mussten Tunnelhilfszüge bereitgestellt werden, mit denen bei Unfällen in den zahlreichen Tunnels schnelle Hilfe ermöglicht wurde. Als Zuglokomotiven wählte die DB 13 Lokomotiven der Reihe 212 aus, die zunächst als Reihe 214 bezeichnet wurden, später dann die Nummern 714 001 bis 013 erhielten. Die Lokomotiven wurden von MaK für den speziellen Einsatz vor Tunnelhilfszügen umgerüstet. Äußerlich nicht erkennbar ist die besondere Speisewasserheizung, die für eine ständige Betriebsbereitschaft der Maschinen sorgen soll. Äußerlich sind die Lokomotiven an den vier Zusatzscheinwerfern leicht erkennbar. Ebenfalls an der Front angebracht sind je eine Fernseh- und eine Wärmebildkamera. Die führende Lokomotive ist vom ersten gasdichten Wagen des Hilfszuges aus über die Kamera steuerbar. Umgerüstet wurden folgende Lokomotiven: V 100 2033, 2046, 2235, 2236, 2244, 2245, 2246, 2251, 2257, 2260, 2271, 2277 und 2352. Die Maschinen sind in den Betriebshöfen Braunschweig, Karlsruhe, Kornwestheim und Würzburg beheimatet.

Ausfahrt der Kölner 212 101-0 aus dem Bahnhof Kapellen am Niederrhein (19.7.1988)

Bis 1995 gab es zur Kirmes in Halver regelmäßig Sonderzüge des "Bürgerverein zur Förderung des Schienenverkehrs" auf der Strecke Oberbrügge-Halver im Sauerland. Seit 1996 ist die Strecke stillgelegt. Zwei Hagener 212 werden am 5.6.1988 wegen des fehlenden Steuerwagens benötigt, um die beiden Sonderzugwagen nach Halver zu befördern

Obwohl bei der DB außer den 13 Hilfszuglokomotiven keine Exemplare der Baureihe V 100 mehr im Plandienst stehen, haben zahlreiche Maschinen ihre Ausmusterung überlebt. Eine vollständige Übersicht über den Verbleib der nicht verschrotteten Loks zu geben, würde ebenso wie die Darstellung der kompletten Einsatzgeschichte den Rahmen dieses Aufsatzes sprengen. Von der Reihe V100^{10} gelangten über 40 Lokomotiven nach Frankreich, weit über 20 nach Italien und etwa zehn Maschinen zur ÖBB. Auch die türkische Staatsbahn konnte eine Reihe von Exemplaren erwerben. In Deutschland selbst sind zum Beispiel die Dürener Kreisbahn, Bentheimer Eisenbahn, die NIAG, Eisenbahnen und Verkehrsbetriebe Elbe-Weser, die Westerwaldbahn oder die NVAG (Nordfriesische Verkehrsbetriebe) als Abnehmer zu nennen. V 100 1200 wurde ebenso wie V 100 2007 von der Deutschen Gesellschaft für Eisenbahngeschichte übernommen. Auch die DB hatte eine Maschine (V 100 1023/211 023-7) als Museumslok erhalten. Diese Lokomotive fiel zusammen mit ihren Museumslokschwestern 212 023-6 und 212 330-5 dem verheerenden Brand im Lokschuppen Nürnberg am 17. Oktober 2005 zum Opfer.

Von der Reihe V 100^{20} sind ebenfalls zahlreiche Exemplare erhalten geblieben. Fast 90 Lokomotiven gehören derzeit der Firma Alstom Lokomotiven Service GmbH. Aber auch nach Frankreich sind zahlreiche V 100^{20} verkauft worden. Die Bahn selbst setzt bei ihrem Unternehmen Deutsche Bahn Gleisbau GmbH auch heute noch mehrere Maschinen ein. Bereits erwähnt wurden die 13 Lokomotiven, die als Reihe 714 vor den Tunnelhilfszügen Dienst tun. Ebenso wie bei der Reihe V 100^{10} ist auch von der ursprünglich stärkeren Version manche Lokomotive an eine deutsche Privatbahn gegangen. Mehrere Lokomotiven setzen beispielsweise die EfW-Verkehrsgesellschaft Frechen GmbH, die Osthavelländische Eisenbahn oder die Mittelweserbahn ein. Selbst nach Afrika hat es die zuverlässige Lok verschlagen. Die Firma Bilfinger Berger AG setzte beim Bau einer 300 km langen Bahnstrecke in Nigeria vier Lokomotiven der Reihe V 100 ein, die vorher allerdings neue Motoren erhalten hatten.

So braucht der Eisenbahnfreund auch heute nicht auf den gewohnten Anblick der V 100 verzichten, wenn auch bei vielen Exemplaren das Farbkleid etwas ungewohnt erscheinen mag und die Einsätze nicht mehr anhand des Kursbuches bestimmt werden können. Es bleibt zu hoffen, dass diese bedeutende Lokomotivbaureihe noch lange als Privatbahnmaschine auf den Gleisen in Deutschland zu sehen sein wird. Die Lebensdauer der meisten in Deutschland eingesetzten Lokomotivbaureihen wird sie mit großer Sicherheit übertreffen.

Literatur:
Bahn-Spezial 1/1993, München 1993
Bahn-Jahrbuch 2001, 2002, 2003, 2004, 2005, 2006, München 2001–2006
Andreas Burow, Die V 100-Familie, München 2004
Michael Dostal, DB-Fahrzeuge, München 2002
Rolf Löttgers, Die Ablösung V 100, Stuttgart 1985
Horst-J. Obermayer, Diesellokomotiven, Augsburg 1994
Klaus-J.Vetter, Das große Handbuch deutscher Lokomotiven, München 2001

Weitere Bücher unseres Verlages

Fordern Sie unser Gesamtverzeichnis an mit Büchern über **Autos**, **Motorräder**, **Lastwagen**, **Traktoren**, **Feuerwehrfahrzeuge**, **Baumaschinen** und **Lokomotiven**:

Verlag Podszun Motorbücher GmbH
Elisabethstraße 23-25, 59929 Brilon
Telefon 02961-53213, Fax 02961-9639900
Email info@podszun-verlag.de
www.podszun-verlag.de

Geschichte und Entwicklung der „großen" Eisenbahn an Ruhr und Emscher.

144 Seiten, 270 Abbildungen
28 x 21 cm, fester Einband
Bestellnummer **419** EUR **24,90**

Die ruhmreiche Geschichte des Lokomotivenbaus bei Hanomag mit allen Besonderheiten.

192 Seiten, 340 Abbildungen
28 x 21 cm, fester Einband
Bestellnummer **352** EUR **29,90**

Die komplette Baumaschinengeschichte dieser populären Hersteller aus Schweden.

168 Seiten, 355 Abbildungen
28 x 21 cm, fester Einband
Bestellnummer **330** EUR **29,90**

Die wichtigsten deutschen Baureihen aller Dampf-, Elektro- und Diesellokomotiven.

144 Seiten, 290 Abbildungen
28 x 21 cm, fester Einband
Bestellnummer **328** EUR **19,90**

Die Nebenbahnromantik der achtziger Jahre anhand typischer Strecken.

144 Seiten, 350 Abbildungen
28 x 21 cm, fester Einband
Bestellnummer **329** EUR **24,90**

Übersicht der privaten Bahnanbieter in Deutschland und ihrer Züge.

144 Seiten, 305 Abbildungen
28 x 21 cm, fester Einband
Bestellnummer **287** EUR **19,90**

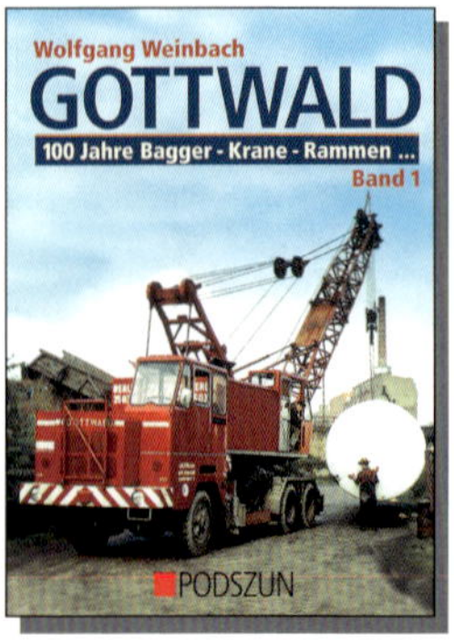

Bagger, Dampf- und Mobilkrane, Stationäre Krananlagen, Gittermast-Autokrane u.a.

350 Seiten, 1050 Abbildungen
28 x 21 cm, fester Einband
Bestellnummer **421** EUR **49,90**

Teleskop-Autokrane, Feuerwehrkrane, Hafenmobilkrane, Spezialkrane, Sondergeräte u.a.

350 Seiten, 1025 Abbildungen
28 x 21 cm, fester Einband
Bestellnummer **422** EUR **49,90**

Die große O&K Chronik mit allen Baumaschinen, Traktoren und Lokomotiven.

278 Seiten, 698 Abbildungen
28 x 21 cm, fester Einband
Bestellnummer **281** EUR **39,90**

Die Geschichte der Oberen Ruhrtalbahn und ihrer Nebenstrecken.

160 Seiten, 300 Abbildungen
28 x 21 cm, fester Einband
Bestellnummer **296** EUR **24,90**

Werbelokomotiven, Elektroloks der Baureihe E 03/103, Lokomotiven von Maffei u.a.

144 Seiten, 281 Abb.
17x24 cm, Leinenbroschur
Bestellnummer **306** EUR **14,90**

Schnellzuglok 05 003, DB-Gleismesstriebzüge, Süddeutsche 2b-Loks u.a.

144 Seiten, 288 Abb.
17x24 cm, Leinenbroschur
Bestellnummer **337** EUR **14,90**

Kleinlokomotiven, Krauss, Rheinbraun Werksbahn, Stromlinienloks u.a.

144 Seiten, 281 Abb.
17x24 cm, Leinenbroschur
Bestellnummer **367** EUR **14,90**

Baureihe 221, Die ersten deutschen Vierkuppler, Dampfzüge im Erzgebirge u.a.

144 Seiten, 270 Abb.
17x24 cm, Leinenbroschur
Bestellnummer **402** EUR **14,90**

Alle Lastwagenmodelle der Magirus-Firmengeschichte in Wort und Bild.

280 Seiten, 710 Abbildungen
28 x 22 cm, fester Einband
Bestellnummer **388** EUR **44,90**

Versuchstriebwagen von 1901 bis zu den hochtechnisierten Typen von heute.

144 Seiten, 320 Abbildungen
28 x 21 cm, fester Einband
Bestellnummer **354** EUR **19,90**

Der Unimog im Baueinsatz und seine Ausrüstungen von Anfängen bis heute.

180 Seiten, 470 Abbildungen
28 x 21 cm, fester Einband
Bestellnummer **390** EUR **29,90**

Ein spannender Bildband, ein Mix aus Technik, Landschaft und Industrie.

144 Seiten, 280 Abbildungen
28 x 21 cm, fester Einband
Bestellnummer **391** EUR **24,90**

Die Geschichte und der aktuelle Fuhrpark des großen Unternehmens aus Österreich.

144 Seiten, 360 Abbildungen
28 x 21 cm, fester Einband
Bestellnummer **385** EUR **24,90**

Rund 270 MAN-Großfahrzeuge im Einsatz. Mit vielen Bildern und technischen Daten.

144 Seiten, 310 Abbildungen
28 x 21 cm, fester Einband
Bestellnummer **359** EUR **29,90**

Arbeitsschritte des Tagebaus und die jeweiligen Großgeräte und Baumaschinen.

208 Seiten, 510 Abbildungen
28 x 21 cm, fester Einband
Bestellnummer **357** EUR **34,90**

Allrad- und Kettenfahrzeuge, die sich durch stärkste Hindernisse fortbewegen.

144 Seiten, 290 Abbildungen
28 x 21 cm, fester Einband
Bestellnummer **408** EUR **24,90**

118 550-3